普通高等教育动画类专业"十三五"规划教材

Flash CC二维动画设计与制作 （第二版）

Flash CC 2D Animation Design and Production

赵更生　编著

U0225454

清华大学出版社
北京

内 容 简 介

二维动画设计与制作是动画专业学生的必修课，是学习动画制作技术的核心课程。

本书在教学过程中，将Flash CC软件的功能、菜单和工具通过实例逐步展开，不对其刻意讲解，从实际操作出发逐步深入，从基础运用到实际操作，循序渐进地展开教学，将传统手绘动画制作的工艺、技巧融入Flash动画教学和制作当中，既学习了Flash软件的使用方法，也通过软件教学达到了解传统手绘动画制作的方法，使Flash软件成为真正意义上的动画制作辅助工具。

本书从处理图形对象开始，以Flash绘画、Flash动画形式、声音与按钮的编辑、传统镜头的运用、自然形态的表现以及动态背景的处理为主线，进行详细讲解和实训练习。通过时间轴的编辑掌握传统影片拍摄的节奏和规律的同时，学习角色原画、动画创作技巧和动作规律，学习Flash动画制作中运用传统手绘动画分镜头制作的方法，从而达到学习和使用Flash软件制作动画的目的。

本书不仅适用于全国高等院校动画、游戏等相关专业的教师和学生，还适用于从事动漫游戏制作、影视制作以及专业入学考试的人员。

图书在版编目(CIP)数据

Flash CC二维动画设计与制作 / 赵更生 编著. —2版. —北京：清华大学出版社，2018（2021.8重印）
(普通高等教育动画类专业"十三五"规划教材)
ISBN 978-7-302-50010-0

Ⅰ. ①F… Ⅱ. ①赵… Ⅲ. ①动画制作软件—高等学校—教材 Ⅳ. ①TP391.414

中国版本图书馆CIP数据核字(2018)第076386号

责任编辑：李 磊 焦昭君
装帧设计：王 晨
责任校对：孔祥峰
责任印制：刘海龙

出版发行：清华大学出版社
　　　　　网　　　址：http://www.tup.com.cn，http://www.wqbook.com
　　　　　地　　　址：北京清华大学学研大厦A座　　　　　邮　　编：100084
　　　　　社 总 机：010-62770175　　　　　邮　　购：010-62786544
　　　　　投稿与读者服务：010-62776969，c-service@tup.tsinghua.edu.cn
　　　　　质 量 反 馈：010-62772015，zhiliang@tup.tsinghua.edu.cn
印 装 者：三河市铭诚印务有限公司
经　　销：全国新华书店
开　　本：185mm×250mm　　印　张：11　　字　　数：234千字
　　　　　(附小册子1本)
版　　次：2013年6月第1版　　2018年6月第2版　　印　次：2021 年 8 月第 5 次印刷
定　　价：59.80元

产品编号：078060-01

动画专业作为一个复合性、实践性、交叉性很强的专业，教材的质量在很大程度上影响着教学的质量。动画专业的教材建设是一项具体常规性的工作，是一个动态和持续的过程。配合"十三五"期间动画专业卓越人才培养计划的方案，结合实际优化课程体系、强化实践教学环节、实施动画人才培养模式创新，在深入调查研究的基础上根据学科创新、机制创新和教学模式创新的思维，在本套教材的编写过程中我们建立了极具针对性与系统性的学术体系。

动画艺术独特的表达方式正逐渐占领主流艺术表达的主体位置，成为艺术创作的重要组成部分，对艺术教育的发展起着举足轻重的作用。目前随着动画技术发展的日新月异，对动画教育提出了挑战，在面临教材内容的滞后、传统动画教学方式与社会上计算机培训机构思维方式趋同的情况下，如何打破这种教学理念上的瓶颈，建立真正的与美术院校动画人才培养目标相契合的动画教学模式，是我们所面临的新课题。在这种情况下，迫切需要进行能够适应动画专业发展自主教材的编写工作，以便引导和帮助学生提升实际分析问题解决问题的能力以及综合运用各模块的能力，高水平动画教材的出现无疑对增强学生的专业素养起到了非常重要的作用。目前全国出版的供高等院校动画专业使用的动画基础书籍比较少，大部分都是没有院校背景的业余培训部门出版的纯粹软件讲解类图书，内容单一，导致教材带有很强的重命令的直接使用而不重命令与创作的逻辑关系的特点，缺乏与高等院校动画专业的联系与转换以及工具模块的针对性和理论上的系统性。针对这些情况我们将通过教材的编写力争解决这些问题。在深入实践的基础上进行各种层面有利于提升教材质量的资源整合，初步集成了动画专业优秀的教学资源、核心动画创作教程、最新计算机动画技术、实验动画观念、动画原创作品等，形成多层次、多功能、交互式的教、学、研资源服务体系，发展成为辅助教学的最有力手段。同时在视频教材的管理上针对动画制作软件发展速度快的特点保持及时更新和扩展，进一步增强了教材的针对性，突出创新性和实验性特点，加强了创意、实验与技术的整合协调，培养学生的创新能力、实践能力和应用能力。在专业教材建设中，根据人才培养目标和实际需要，不断改进教材内容和课程体系，实现人才培养的知识、能力和素质结构的落实，构建综合型、实践型、实验型、应用型教材体系。加强实践性教学环节规范化建设，形成完善的实践性课程教学体系和实践性课程教学模式，通过教材的编写促进实际教学中的核心课程建设。

依照动画创作特性分成前中后期三个部分，按系统性观点实现教材之间的衔接关系，规范了整个教材编写的实施过程。整体思路明确，强调团队合作，分阶段按模块进行，在内容上注重在审美、观念、文化、心理和情感表达的同时能够把握文脉，关注精神，找到学生学习的兴趣点，帮助学生维持创作的激情，厘清进行动画创作的目的，通过动画系列教材的学习需要首先明白为什么要创作，才能使学生清楚创作什么，进而思考选择什么手段进行动画创作。提高理解力，去除创作中的盲目性、表面化，能够引发学生对作品意义的讨论和分析，加深学生对动画艺术创作的理解，为学生提供动画的创作方式和经验，开阔学生的视野和思维，为学生的创作提供多元思路，使学生明确创作意图，选择恰当的表达方式，创作出好的动画作品。通过这样一个关键过程使学生形成健康的心理、开朗的心胸、宽阔的视野、良好的知识架构、优良的创作技能。采用多种方式，引导学生在创作手法上实现手段的多样，实验性的探索，视觉语言纵深以及跨领域思考的提升，学生对动画创作问题关注度敏锐度的加强。在原有的基础上提

高辅导质量，进一步提高学生的创新实践能力和水平，强化学生的创新意识，结合动画艺术专业的教学特点，分步骤分层次对教学环节的各个部分有针对性地进行了合理规划和安排。在动画各项基础内容的编写过程中，在对之前教学效果分析的基础上，进一步整合资源，调整了模块，扩充了内容，分析了以往教学过程的问题，加大了教材中学生创作练习的力度，同时引入先进的创作理念，积极与一流动画创作团队进行交流与合作，通过有针对性的项目练习引导教学实践。积极探索动画教学新思路，面对动画艺术专业新的发展和挑战，与专家学者展开动画基础课程的研讨，重点讨论研究动画教学过程中的专业建设创新与实践。进一步突出动画专业的创新性和实验性特点，加强创意课程、实验课程与技术类课程的整合协调，培养学生的创新能力、实践能力和应用能力，进行了教材的改革与实验，目的使学生在熟悉具体的动画创作流程的基础上能够体验到在具体的动画制作中如何把控作品的风格节奏、成片质量等问题，从而切实提高学生实际分析问题与解决问题的能力。

在新媒体的语境下，我们更要与时俱进或者说在某种程度上高校动画的科研需要起到带动产业发展的作用，需要创新精神。本套教材的编写从创作实践经验出发，通过对产业的深入分析以及对动画业内动态发展趋势的研究，旨在推动动画表现形式的扩展，以此带动动画教学观念方面的创新，将成果应用到实际教学中，实现观念、技术与世界接轨，起到为学生打开全新的视野、开拓思维方式的作用，达到一种观念上的突破和创新，我们要实现中国现代动画人跨入当今世界先进的动画创作行列的目标，那么教育与科技必先行，因此希望通过这种研究方式，为中国动画的创作能够起到积极的推动作用。就目前教材呈现的观念和技术形态而言，解决的意义一方面在于把最新的理念和技术应用到动画的创作中去，扩宽思路，为动画艺术的表现方式提供更多的空间，开拓一块崭新的领域，同时打破思维定式，提倡原创精神，起到引领示范作用，能够服务于动画的创作与专业的长足发展。另一方面根据本专业"十三五"规划的目标和要求，教材的内容对于卓越人才培养计划，本科教学质量与教学改革以及创新团队培养计划目标的完成都有积极的推动作用。

余春娜

天津美术学院动画艺术系

 前言

　　Flash是一款集动画创作与应用程序开发于一身的创作软件，被广泛应用于现代影视动画制作、广告设计、网页制作中，其动画、广告产品制作的快速、直观、灵巧、节省成本、高质量的特性已经被广大平面设计工作者、动画制作者、广告公司、电视台、网络运营商、手机制造商所认可。熟练掌握Flash动画制作，已经是每个平面设计工作者和动画制作者所必须具备的一项基本技能。

　　Flash动画制作的工艺和手段已经打破了传统动画制作的工艺和方式。例如，传统动画制作中的上色、摄像、后期制作、中间画绘制的拷贝箱、动检等工艺和设备都已经被一台计算机和一个软件或其他相关的软件所取代，为动画产品的制作节省了大量的人力、物力、财力和时间。所以，Flash动画制作与传统动画制作相结合，作为一个教研、教改课题，在动画专业和其他平面设计类专业的教学中已经作为一个课题被广大艺术类院校和专业所重视，在培养新一代的平面、动画设计人才方面，作为一项传统产业的新兴专业技能，其作用已经得到社会的认同，并逐步被重视。本课程开设的目的，是在传统动画制作的基础上，利用传统动画制作的工艺、手段、方式，结合Flash动画制作的方式进行传统与现代动画制作的教学。

　　本书在教学过程中，将Flash软件的功能、菜单和工具通过实例逐步展开，不对其刻意讲解，从实际操作出发逐步深入，从基础运用到实际操作，循序渐进地展开教学，将传统手绘动画制作的工艺、技巧融入Flash动画教学和制作当中，既学习了Flash软件的使用方法，也通过软件教学达到了解传统手绘动画制作的方法，使Flash软件成为真正意义上的动画制作辅助工具。

　　整个教程从处理图形对象开始，以Flash绘画、Flash动画形式、声音与按钮的编辑、传统镜头的运用、自然形态的表现以及动态背景的处理为主线，进行详细讲解和实训练习。通过时间轴的编辑掌握传统影片拍摄的节奏和规律的同时，学习角色原画、动画创作技巧和动作规律，学习Flash动画制作中运用传统手绘动画分镜头制作的方法，从而达到学习和使用Flash软件制作动画的目的。

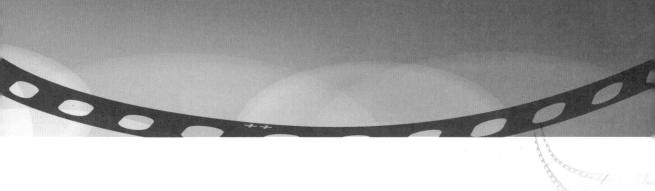

本书由赵更生编写，在成书的过程中，李兴、高思、王宁、杨宝容、张乐鉴、马胜、白洁、刘晓宇、张茫茫、赵晨、杨诺、陈薇、贾银龙、高建秀、程伟华、孟树生、邵彦林、邢艳玲等人也参与了本书的编写工作。由于作者编写水平有限，书中难免有疏漏和不足之处，恳请广大读者批评、指正。

本书提供了案例源文件、PPT课件和考试题库答案等立体化教学资源，扫一扫左侧的二维码，推送到邮箱后下载获取。

编　者

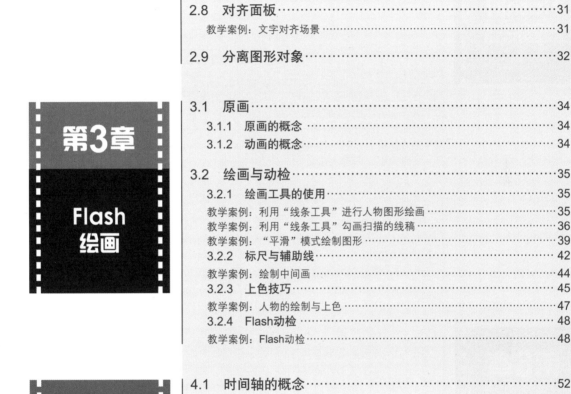

第3章

Flash
绘画

第4章

时间轴
面板

第9章

Flash动画
分镜头制作

第1章

认识Flash

- 工作界面
- 文档的操作
- 参数设置

1.1 工作界面

1.1.1 工作界面概述

单击任务栏上的"开始"
按钮，选择Adobe Flash
Professional CC 2015，或双击
桌面上的图标，打开Flash CC
2015，如图1-1所示。

图1-1 启动Flash

启动Flash后，进入工作主界面，该界面由多个部分组成，包含了所有的Flash菜单、"工具箱"面板、场景编辑区和浮动工具面板等，如图1-2所示。

图1-2 工作主界面

1. "时间轴" 面板

"时间轴" 面板主要用于分配动画播放的时间和分层组合对象，是Flash中最重要的工具之一。通过该面板可以查看每一帧的情况，编辑动画内容，调整动画播放的时间和速度，改变帧与帧之间的关系，从而实现不同效果的动画，如图1-3所示。

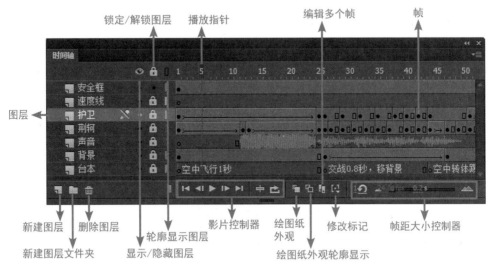

图1-3 "时间轴" 面板

2. 编辑栏

编辑栏位于场景编辑区上方，提示当前正在编辑的场景或镜号、场景切换、元件编辑切换、显示比例，如图1-4所示。

图1-4 编辑栏

"场景标签" 提示目前正在编辑的视窗场景；"场景切换" 按钮可以对不同的编辑场景进行切换；在编辑不同的元件时可利用 "元件编辑切换" 按钮进行快速切换；在 "编辑区显示比例" 区域可以输入数值随意更改显示比例，以观察和编辑场景整体或局部效果。

3. "工具箱" 面板

"工具箱" 面板是Flash主要操作工具的集合面板，它包含了绘图工具组、选择工具组、颜色填充工具组、编辑查看工具组，以及在ActionScript 3.0基础上支持的3D工具、IK骨骼工具组和Deco绘画工具，使Flash动画制作工具的调用和切换更加方便、灵活，如图1-5所示。

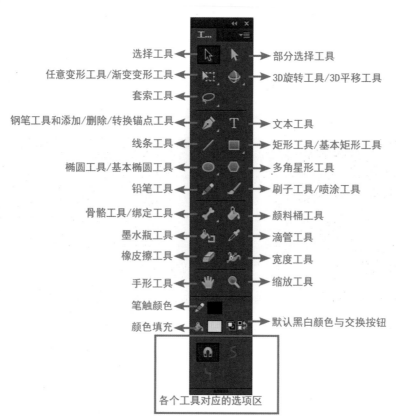

各个工具对应的选项区

图1-5　"工具箱"面板

Flash工具调用快捷键列表如下。

选择工具【V】	矩形工具 基本矩形工具【R】
部分选择工具【A】	椭圆工具 基本椭圆工具【O】
任意变形工具【Q】	刷子工具【B】
渐变变形工具【F】	铅笔工具【Y】
3D旋转工具【G】	多角星形工具
3D平移工具【W】	骨骼工具 绑定工具【M】
套索工具 多边形工具 魔术棒工具【L】	颜料桶工具【K】
钢笔工具【P】	墨水瓶工具【S】
添加锚点工具【=】	滴管工具【I】
删除锚点工具【-】	橡皮擦工具【E】
转换锚点工具【C】	手形工具【H】
文本工具【T】	缩放工具【Z】
线条工具【N】	宽度工具【U】

4. 场景编辑区

在工作界面中央的白色区域称为场景区，包括场景区在内，可在整个视图区域内进行各种绘图，以及ActionScript组件、元件和帧的编辑，但在输出Flash影片时仅仅显示场景区内的内容，如图1-6所示。

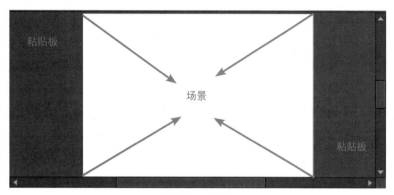

图1-6 场景

5. "属性" 面板

"属性"面板是Flash影片制作中重要的工具面板之一，其主要功能是对文档、各种工具、场景、帧、时间轴、ActionScript组件以及元件进行设置。同时可以根据使用者的需要改变其在工作区的位置和大小；拖动它可以成为独立的面板，也可以对其进行折叠、关闭操作，方便编辑、查找。可以通过选择菜单"窗口"/"属性"命令，或按Ctrl+F3键打开"属性"面板，如图1-7所示。

图1-7 "属性"面板

1.1.2 工作界面布局设置

在动画制作过程中，Flash使用者可以根据自己的工作特点和使用习惯，调整工作界面布局。默认工具面板布局位于工作界面的右侧，可以用菜单栏上方的"布局"按钮进行设置，如图1-8所示。

单击某一个工具图标都可以单独展开相应的面板，也可以根据需要和个人操作习惯随时增减面板数量、改变面板位置、将工具面板悬浮于工作界面之外，以符合自己的使用习惯，如图1-9所示。

图1-8　工作界面布局菜单与悬浮工具面板　　图1-9　自定义的工具面板折叠与展开效果

1.2　文档的操作

1.2.1　文档类型

Flash可以根据使用者的需要，创建不同类型、不同应用的文档，如图1-10所示。

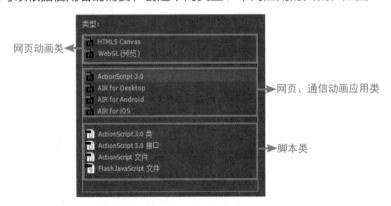

图1-10　文档类型

- HTML 5 Canvas：创建用于 HTML 5 Canvas 的动画资源。通过使用帧脚本中的 Javascript，为资源添加交互性。
- WebGL：为WebGL创建动画资源。此文档类型仅用于创建动画资源，提供的 Flash影片不支持脚本编写和交互性功能。
- ActionScript 3.0：创建ActionScript 3.0的影片发布设置，并在 Flash 文档窗口中创建一个新的 FLA 文件 (*.fla)。同时使FLA文件设置为Adobe Flash Player发布

的 SWF 文件的媒体和结构。

- AIR for Desktop：在 Flash 文档窗口中创建新的 Flash 文档 (*.fla)，将会设置 AIR 的发布设置。使用 Flash AIR 文档开发在 AIR 跨平台桌面运行时上部署的应用程序。

- AIR for Android：在 Flash 文档窗口中创建一个新的 Flash 文档 (*.fla)，将会设置 AIR for Android 的发布设置，并使用 AIR for Android 文档为Android设备创建应用程序。

- AIR for iOS：在 Flash 文档窗口中创建新的 Flash 文档 (*.fla)，设置以 AIR for iOS 的发布设置。使用 AIR for iOS 文档为 Apple iOS 设备创建应用程序。

- ActionScript 3.0类：创建新的AS文件 (*.as) 来定义ActionScript 3.0类型文档。

- ActionScript 3.0接口：创建新的AS文件 (*.as) 来定义ActionScript 3.0接口。

- ActionScript文件：创建一个新的外部 AS 文件 (*.as)，并在"脚本"窗口中进行编辑。ActionScript是Flash脚本语言，用于控制影片和应用程序中的动作、运算符、对象、类以及其他元素。可以使用代码提示和其他脚本编辑工具来帮助创建脚本，也可以在多个应用程序中重复使用外部脚本。

- Flash JavaScript文件：创建一个新的外部 JavaScript 文件 (*.jsfl)，并在"脚本"窗口中进行编辑。Flash JavaScript 应用程序编程接口 (API) 是构建于 Flash 中的自定义JavaScript功能。Flash JavaScript API应用于Flash中的"历史记录"面板和"命令"菜单中。可以使用代码提示和其他脚本编辑工具来帮助创建脚本，也可以在多个应用程序中重复使用外部脚本。

1.2.2 创建文档

初次启动Flash会出现一个欢迎屏幕，如图1-11所示。

图1-11 欢迎屏幕

如果勾选"不再显示"复选框，下次启动Flash时将不再显示欢迎屏幕；如果想每次启动Flash时屏幕都显示该欢迎屏幕，可以选择菜单"编辑"/"首选参数"命令，或按Ctrl+U键，打开"首选参数"对话框，单击"常规"标签中的"重置所有警告对话框"按钮进行设置，如图1-12所示。

图1-12 "首选参数"对话框

1. 常规模式创建文档

使用者可以根据创作目的，选择欢迎屏幕中"新建"下方的文档类型打开文档进行编辑。也可以通过菜单"文件"/"新建"命令，或按Ctrl+N键，打开"新建文档"对话框，从中选择需要的文档类型来创建文档，如图1-13所示。

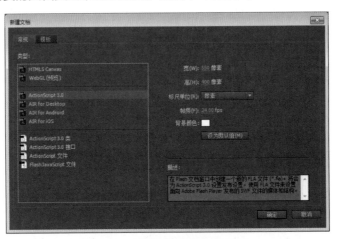

图1-13 "新建文档"对话框

2. 模板创建文档

Flash为使用者提供了创建不同类型Flash文档的模板，以方便使用者快速完成文档的编辑。同时其提供的模板也可以作为一个应用案例，为初学者提供学习、使用参考。

使用者可以选择欢迎屏幕中"模板"下的文档类型，打开"从模板新建"对话框；也可以通过菜单"文件"/"新建"命令，或按Ctrl+N键，打开"从模板新建"对话框，从中选择需要创建文档的类型和模板来创建文档，如图1-14所示。

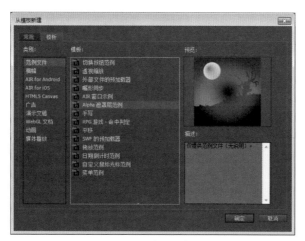

图1-14 "从模板新建"对话框

1.2.3 打开已有的文档

选择菜单"文件"/"打开"命令，或按Ctrl+O键，打开"打开"对话框并查找保存文档的路径打开文档。

1.2.4 保存文档

保存Flash文档可以执行下列操作之一。

- 选择菜单"文件"/"保存"命令，或按Ctrl+S键。
- 选择菜单"文件"/"另存为"命令，或按Ctrl+Shift+S键，将文档保存到不同的位置或用不同的名称保存文档。
- 选择菜单"文件"/"保存并压缩"命令。
- 单击主工具栏上的"保存"按钮 🖫，保存当前文档。

1.2.5 关闭文档

可以通过以下操作方式进行文档的关闭。

- 选择菜单"文件"/"关闭文档"命令。
- 按Ctrl+W键关闭文档。
- 单击文档标签上的"关闭"按钮 ✖，关闭文档。

1.2.6　另存文档

不同版本的Flash文档，只能由当前版本的Flash软件或更高一级版本的Flash软件打开并编辑。不同版本的Flash软件，只能保存当前版本的文档或保存为低一级版本的文档，不能跨版本储存文档。

操作方式

01 选择菜单"文件"/"另存为"命令，或按Ctrl+Shift+S键，打开"另存为"对话框，如图1-15所示。

图1-15　"另存为"对话框

02 输入文件名，确定保存路径。

03 设置"保存类型"为"Flash文档(*.fla)"。

04 单击"保存"按钮，保存文档。

1.3　参数设置

1.3.1　文档属性设置

在创建Flash动画之初，应根据创作影片的内容和媒体播放介质的需要，对Flash文档属性进行设置，以便控制影片的大小和播放速度，同时可以控制动作动检时的播放速度。

在文档打开的情况下，选择菜单"修改"/"文档"命令，或按Ctrl+J键，打开"文档设置"对话框，如图1-16所示。

图1-16 "文档设置"对话框

● **"帧频"**：输入每秒播放帧的数量。Flash动画制作实际的帧频为24~25fps，对于大多数计算机显示的动画，特别是网站中播放的动画8~12fps就足够了。

● **"单位""舞台大小"**：根据影片制作需要，在"宽度"和"高度"文本框中输入值，指定场景大小与单位。以像素为例，最小为1×1像素，最大为 2880×2880像素。

● **"匹配内容"**：将场景大小设置为默认大小时，当选择"匹配内容"后，将场景大小设置为内容四周的空间都相等的舞台大小。

● **"舞台颜色"**：单击颜色块▢，打开"样本"面板，从中选择颜色，如图1-17所示。

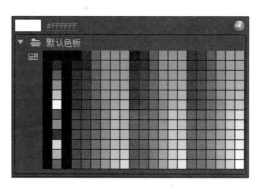

图1-17 设置舞台颜色

● **标尺的单位**：单击"单位"下拉列表按钮，从弹出的下拉列表框中选择一个"单位尺寸"选项进行设置，如图1-18所示。Flash默认单位是像素，在进行Flash动画制作过程中，需要将标尺单位设置为厘米，以便于在绘制中间画及动作绘制、摆放过程中观察对位。

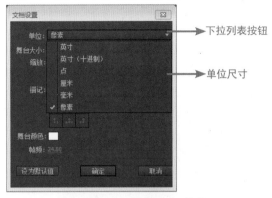

图1-18　设置标尺单位

各项设置完成后，将新的设置仅用作当前文档的默认属性，单击"确定"按钮；或将这些新的设置用作所有新文档的默认属性，单击"设为默认值"按钮。

1.3.2　文档发布设置

Flash软件既可以发布静态、动态图形文件，也可以发布SWF文件和影片格式的文件。动画编辑完成后，可以对SWF格式影片的发布进行设置。选择菜单"文件"/"发布设置"命令，打开"发布设置"对话框，勾选"发布"下面的"Flash(.swf)"复选框，对其中的选项进行设置，如图1-19所示。

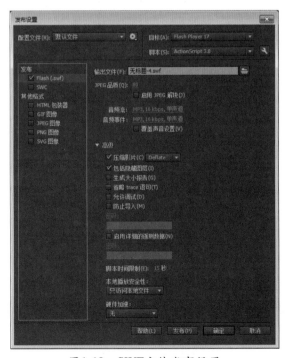

图1-19　SWF文件发布设置

- "**目标**"：选择播放器版本。
- "**JPEG品质**"并勾选"**启用JPEG解块**"：调整滑块或输入一个值，控制位图压缩。图像品质越低，生成的文件就越小；图像品质越高，生成的文件就越大。文件大小和图像品质之间的最佳平衡点值为100时图像品质最佳，压缩比最小。
- "**音频流**"或"**音频事件**"：根据需要选择相应的选项，为 SWF 文件中的所有声音流或事件声音设置"采样率"和"压缩"。"音频流"只要前几帧下载了足够的数据，就会开始播放，它与时间轴同步。"事件"声音需要完全下载后才能播放，并且在明确停止之前，将一直持续播放。
- "**覆盖声音设置**"：覆盖在"属性"面板的"声音"中为个别声音选择设置。若要创建一个较小的低保真版本的 SWF 文件，则选择此选项。如果取消选择了"覆盖声音设置"选项，则 Flash 会扫描文档中的所有音频流(包括导入视频中的声音)，然后按照各个设置中最高的设置发布所有音频流。如果一个或多个音频流具有较高的导出设置，就会增大文件大小。
- "**高级**"：可以选择其中任意一个或多个选项，启用对已发布SWF文件的调试操作。"压缩影片"(默认勾选)用于压缩SWF文件以缩小文件和缩短下载时间。当文件包含大量文本或 ActionScript 时，使用此选项十分有益。经过压缩的文件只能在Flash Player 6或更高版本中播放；"包括隐藏图层"(默认勾选)用于导出Flash文档中所有隐藏的图层。取消勾选"包括隐藏图层"复选框将阻止把生成的SWF文件中标记为隐藏的所有图层(包括嵌套在影片剪辑内的图层)导出。这样就可以通过使图层不可见来轻松测试不同版本的Flash文档；"生成大小报告"用于生成一个报告，按文件列出最终Flash内容中的数据量；"省略trace语句"用于使Flash忽略当前SWF文件中的Trace动作。如果勾选该复选框，"跟踪动作"的信息不会显示在"输出"面板中；"允许调试"用于激活调试器并允许远程调试SWF文件，可使用密码来保护SWF文件；"防止导入"用于防止其他人导入SWF文件并将其转换回 FLA 文档。可使用密码来保护SWF文件。如果添加了密码，则其他使用者必须输入该密码才能调试或导入SWF文件。如果需要删除密码，只需清除密码文本字段即可。
- "**脚本时间限制**"：根据创作内容的需要控制脚本的播放时间。
- "**硬件加速**"：这项设置可以大幅度提高Flash影片、脚本等的播放速度和流畅度，可根据需要设置硬件加速模式。

1.3.3　Flash的色彩模式

目前的显示器大都是采用了RGB颜色标准，显示器是通过电子枪打在屏幕的红、绿、蓝三色发光极上来产生色彩的，目前的计算机一般都能显示32位颜色，约有一百万种以上的颜色。在LED领域利用三合一点阵全彩技术，即在一个发光单元里由RGB三色晶片组成全彩像素。随着这一技术的不断成熟，LED显示技术给人们带来更加丰富真实的色彩感受。由于Flash制作的影片大多用于视频媒体输出，所以Flash软件仅提供了两种色彩模式，即HSB与RGB模式，如图1-20所示。

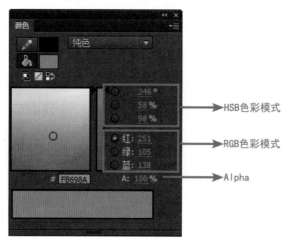

图1-20　"颜色"面板

1. HSB色彩模式

HSB色彩模式是普及型设计软件中常见的色彩模式，其中H代表色相，S代表饱和度，B代表亮度。

- **色相H（Hue）**：在0°~360°的标准色环上，按照角度值标识。例如红是0°、橙色是30°等。
- **饱和度S（Saturation）**：是指颜色的强度或纯度。饱和度表示色相中彩色成分所占的比例，用从0(灰色)~100%(完全饱和)的百分比来度量。在色立面上饱和度是从左向右逐渐增加的，左边线为0，右边线为100%。
- **亮度B（Brightness）**：是指颜色的明暗程度，通常是从0(黑)~100%(白)的百分比来度量的，在色立面中从上至下逐渐递增，上边线为100%，下边线为0。

2. RGB色彩模式

RGB色彩模式是从颜色发光的原理来设定的，通俗点说它的颜色混合方式就好像有红、绿、蓝三盏灯，当它们的光相互叠合的时候，色彩相混，而亮度却等于两者亮度的总和，越混合亮度越高，即加法混合。

计算机屏幕上的所有颜色，都是由红色、绿色、蓝色三种色光按照不同的比例混合而成的。一组红色、绿色、蓝色就是一个最小的显示单位。屏幕上的任何一种颜色都可以由一组RGB值来记录和表达。因此这三种颜色又称为三原色光，用英文表示就是R(Red)、G(Green)、B(Blue)。不同的图像中，RGB各值的成分不尽相同，可能有的图中R(红色)成分多一些，有的B(蓝色)成分多一些。

第2章

图形对象的操作

2.1 选择图形对象的工具

2.1.1 选择工具

"选择工具"可以选择对象，也可以改变图形对象笔触和填充的位置与形状。选择该工具，可以按下 V 键。如果要在其他工具处于激活状态时临时切换到"选择工具"，可按住Ctrl 键实现"选择工具"的快速调用。

1. 选择图形对象

■ **教学案例：选择图形对象** ─────────────

01 单击"工具箱"面板中的"选择工具"按钮 。

02 在场景中利用"选择工具"框选需要编辑的图形对象，进行图形对象的整体选择，如图2-1所示。

03 利用"选择工具"单击或框选图形对象的一部分，实现图形对象的部分选择，可以结合键盘上的Shift键+鼠标进行多处选取，如图2-2所示。

图2-1 "选择工具"选取图形对象　　图2-2 "选择工具"部分选取图形对象

2. 使用选择工具改变端点、位置和形状

使用"选择工具"可以改变图形对象的端点、位置和形状。操作时鼠标指针会发生变化，以指明在该线条或填充上可以执行哪种类型的形状改变，如图2-3所示。

图2-3 "选择工具"的指针变化

"选择工具"在执行图形操作时，具有以下功能。

● 改变图形对象的端点与形状，如图2-4所示。

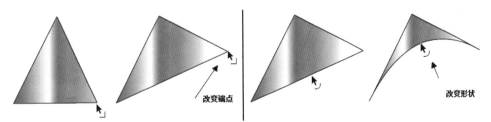

图2-4　改变图形对象的端点及形状

● 结合Ctrl键，创建图形对象新的端点，如图2-5所示。

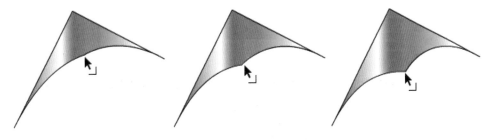

图 2-5　创建图形对象的端点

● 选择并移动图形对象，如图2-6所示。

图2-6　选择并移动图形对象

● 选择图形对象，结合Alt键移动并复制图形对象，如图2-7所示。

图2-7　移动并复制图形对象

3. 伸直与平滑选项

"选择工具"中的"伸直"■与"平滑"■选项，可以改变线条和图形轮廓的形状。操作时选中图形对象，在"工具箱"面板选项区中，根据需要分别选择"伸直"与"平滑"按钮，或选择菜单"修改"/"形状"/"伸直"或"平滑"命令，为达到需要的效果可以多次选择命令或单击选项按钮，如图2-8和图2-9所示。

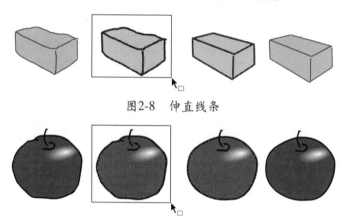

图2-8 伸直线条

图2-9 平滑线条

2.1.2 部分选择工具

"部分选择工具"也称贝兹工具，可以直接对图形对象上的锚点进行调节及移动，其功能与"转换锚点工具"一样，可调整线段或图形的形状。

■ 教学案例：使用部分选择工具

01 单击"工具箱"面板中的"部分选择工具"按钮。

02 单击图形对象的线条或形状轮廓。

03 选择路径上的锚点(节点)，并调整贝塞尔手柄，如图2-10所示。

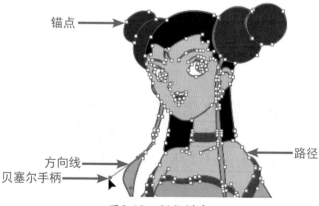

锚点

方向线

贝塞尔手柄

路径

图2-10 调整锚点

2.1.3 套索工具

"套索工具"可以对选择的图形或线段的某一部分进行单独编辑，其选项分别为"多边形模式" 和 "魔术棒" 。

■ **教学案例：利用套索工具选择不规则区域**

01 打开一个已经绘制图形的文档。

02 单击"工具箱"面板中的"套索工具"按钮 或按下L键。

03 在要选取的图形对象区域按住鼠标左键进行拖动。

04 在开始位置附近结束拖动，松开鼠标左键，被选取的部分加亮显示，如图2-11所示。

图2-11 选择不规则的图形区域

1. 多边形模式选项

利用直线线段框选图形对象的区域范围。

■ **教学案例：位图抠图**

01 新建一个Flash文档。

02 选择菜单"文件"/"导入"/"导入到舞台"命令，或按Ctrl+R键，打开"导入"对话框并选择图片，单击"确定"按钮，将图片导入场景，如图2-12所示。

03 选择菜单"修改"/"分离"命令，或按Ctrl+B键，将位图打散，使其成为可编辑的图形对象，如图2-13所示。

图2-12 导入位图

图2-13 打散位图

04 在"工具箱"面板中选择"套索工具"，在选项区中单击"多边形模式"按钮 。

05 在操作中可随时按Ctrl++或-键，放大或缩小场景，也可以随时按下空格键将鼠标指针转换成"手形工具"，移动、观察图形对象，如图2-14所示。

06 在选择区域单击设定起始点，在第一条线要结束的地方单击，然后继续设定其他线段的结束点，将需要删除的图形框选在一个封闭的选区内，并双击鼠标以选定线段框内的区域，如图2-15所示。

07 按Delete键将选择区域删除，重复以上步骤将周边的区域删除。操作时要注意，尽量将线段延长，为调整边线做准备，如图2-16所示。

图2-14　观察图形对象

图2-16　初次裁切效果

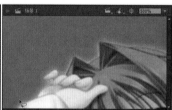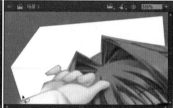

图2-15　选择需要删除的区域

08 放大图形对象，利用"选择工具"调整图形对象的边线和端点，如图2-17所示。

图2-17　利用"选择工具"调整边线

09 完成抠图，如图2-18所示。

2. 魔术棒选项

"魔术棒" ![] 可以选择已经分离的位图区域或绘制的图形对象的颜色区域，并通过"属性"面板对魔术棒色彩阈值进行设置，以缩小或扩大选择范围，如图2-19所示。

图2-18 完成效果

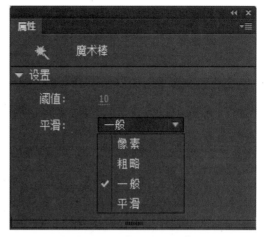

图2-19 "属性"面板

- **"阈值"**：输入一个1～200的值，用于定义将相邻像素包含在所选区域内必须达到的颜色接近程度，数值越大包含的颜色范围越广。如果输入0，则只选择与单击的第一个像素的颜色完全相同的像素。
- **"平滑"**：用于定义选区边缘的平滑程度，包含"像素""粗略""一般"和"平滑"4个选项。

将阈值分别设置为10、30所选择的色彩区域，如图2-20所示。

图2-20 不同阈值选择的区域

2.2 图形对象的预览

在编辑过程中，图形对象内许多复杂的图形将会影响编辑时的显示速度。为解决这个问题，可以将图形对象单独以轮廓显示，从而使所有线条都显示为细线，这样就更容易改变图形元素的形状以及快速显示复杂场景，同时也可以方便转场对位。

1. 图形对象的轮廓预览

图形对象的轮廓预览可以通过以下两种方式实现。

● 选择菜单"视图"/"预览模式"/"轮廓"命令或按Ctrl+Alt+Shift+O键，均可以轮廓预览图形对象，如图2-21所示。

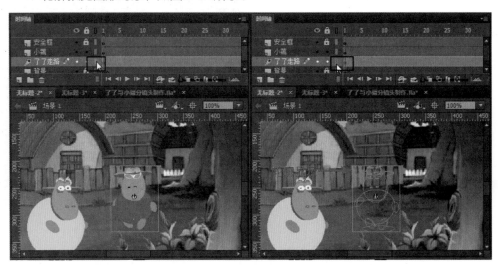

图2-21　以轮廓预览图形对象

● 利用"时间轴"面板上的"本图层显示为轮廓"按钮██或"将所有图层显示为轮廓"按钮██，轮廓显示单个图层的图形对象或轮廓显示所有图层的图形对象，如图2-22所示。

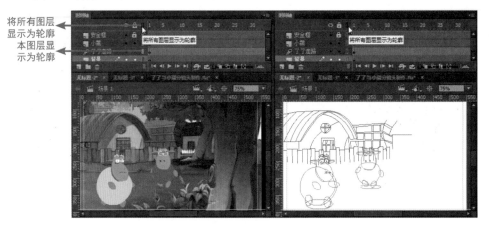

图2-22　单图层与所有图层轮廓显示

2. 更改轮廓线颜色

不同的图层，轮廓线的颜色也不同。为了便于区分不同图层内容的轮廓，可以对轮廓线颜色进行更改，具体操作如下。

▇ 教学案例：更改轮廓线颜色 ━━━━━━━━━━━━━━━━━●

01 双击"本图层显示为轮廓"按钮██，或在"时间轴"面板当前图层上单击鼠标右键，在快捷菜单中选择"属性"命令，弹出"图层属性"对话框，如图2-23所示。

02 单击"轮廓颜色" ，打开"颜色样本"拾取颜色，并勾选"将图层视为轮廓"复选框，单击"确定"按钮，更改当前图层轮廓线的颜色，如图2-24所示。

图2-23　更改轮廓颜色选项

图2-24　当前图层轮廓线颜色更改对比

2.3　图形对象的基本操作

2.3.1　移动对象

如果需要移动场景中的图形对象，可以利用"选择工具"进行拖动，也可以利用键盘上的方向键移动或定位图形对象。如果选择了"贴紧至对象"选项 ，按方向键时将以文档像素网格(而不是以屏幕像素)为像素增量移动对象。

利用方向键可以选择以下方式进行操作。

● 按下方向键，一次移动所选对象0.5个像素。

● 同时按下Shift键和方向键，可以让所选对象一次移动 5 个像素。

2.3.2　删除对象

选择菜单"编辑"/"清除"命令，或按下Delete键，均可以将对象从场景中删除，删除场景中对象的实例时并不会从库中删除元件。

2.3.3　剪切对象

选择菜单"编辑"/"剪切"命令，或按Ctrl+X键可进行剪切操作。剪切对象是将选中的对象放入剪切板中，进行剪切操作后选中的对象就从当前场景位置被删除了，在进行粘贴操作后，对象将被粘贴到新的位置上。

2.3.4　复制与粘贴对象

- 复制对象：选择菜单"编辑"/"复制"命令，或按Ctrl+C键，均可实现复制操作。
- 粘贴对象：选择菜单"编辑"/"粘贴到中心位置"命令，或按Ctrl+V键；也可以选择菜单"编辑"/"粘贴到当前位置"命令，或按Ctrl+Shift+V键(在原图形的上方粘贴)，均可实现粘贴操作。

2.3.5　再制对象

选择菜单"编辑"/"直接复制"命令，或按Ctrl+D键，均可实现再制对象操作。"直接复制"命令也称"再制对象"命令，是直接从屏幕上复制并粘贴选中的对象，再制的对象放在稍微偏移原始对象的位置上，如图2-25所示。

图2-25　直接复制对象

2.3.6　移动定位点

1. 利用"属性"面板定位对象

在"属性"面板中输入X、Y像素值，可以定位、观察图形对象的中心点在场景中的位置。"属性"面板中的参数在使用"文档属性"对话框时设置，是"标尺"选项指定的单位，如图2-26所示。

图2-26 利用"属性"面板定位对象

2. 利用"信息"面板定位对象

在"信息"面板中输入X、Y像素值，可以定位、观察图形对象的中心点在场景中的位置，如图2-27所示。

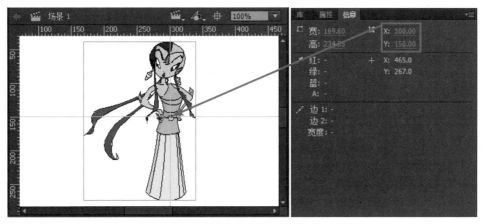

图2-27 利用"信息"面板定位对象

2.4 查看工具

2.4.1 手形工具

在编辑过程中经常需要将图形对象放大以便于详细编辑，当图形对象放大以后可能无法看到整个场景。要在不更改缩放比例的情况下观察场景其他地方，可以使用"手形工具"移动场景，方便观察对象，如图2-28所示。

图2-28　使用"手形工具"

在使用其他工具进行编辑时，可以随时按下空格键临时切换成"手形工具"移动对象，操作完成后放开空格键恢复原来使用的工具。

在编辑状态下，双击"手形工具"按钮，场景显示为全部图层中的所有内容并居中。

2.4.2　缩放工具

要在屏幕上查看整个场景，或以高缩放比例查看图形对象的特定区域，利用"缩放工具"可以更改缩放比例。最大的缩放比例取决于显示器的分辨率和文档大小。场景中最小的缩小比例为4%，最大的放大比例为 2000%。在使用"缩放工具"进行操作时，按住键盘上的Alt键可以得到相反的选项；双击"缩放工具"可以使场景以100%比例显示。

"缩放工具"下面有两个选项按钮："放大" 与"缩小" 。

1. 放大

可以对图形对象进行下面的操作。

- 单击放大图形对象。
- 框选局部放大对象。

2. 缩小

选择"缩小"按钮 后，在场景中单击，将场景缩小为原来的1/2。

2.5　任意变形工具

在编辑过程中会遇到改变图形对象形状的操作，通过形状变化改变对象的状态，使同一个图形对象具有不同的外观效果。"任意变形工具"可以将图形对象、组、文本块和实例进行变形。根据所选图形对象的类型，可以进行变形、旋转、倾斜、缩放或扭曲操作。其选项为"旋转与倾斜" ⬚、"缩放" ⬚、"扭曲" ⬚、"封套" ⬚。另外在任意变形的操作过程中，鼠标指针也会发生变化，主要包括：移动指针 ⬚、缩放指针 ↕、倾斜指针 ⇉、锥化指针 ⬚、旋转指针 ↻、扭曲指针 ▷。

"任意变形工具"的"扭曲"和"封套"选项，不能变形元件、组、位图、视频对象、声音、渐变或文本。如果多个选区包含以上任意一项，则不能扭曲、封套形状对象。如果需要使用必须首先要将图形对象转换为可编辑对象，即先打散。

变换图形对象时，利用"选择工具"选择图形对象，单击"工具箱"面板上的"任意变形工具"，在图形对象周边形成一个变形框，如图2-29所示。

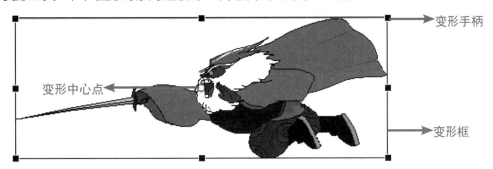

图2-29 使用"任意变形工具"时的图形对象

将鼠标指针放在图形对象的变形手柄或变形框上，可以进行如下操作。

1. 缩放

将鼠标指针放在任意一个顶角的变形手柄上，当指针变为"缩放指针" ↔ 时可以缩放图形对象；同时按住Shift键可以进行等比例缩放图形对象，如图2-30所示。

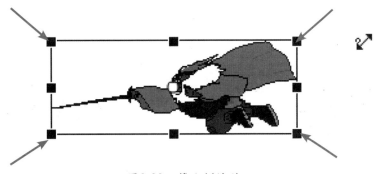

图2-30 等比例缩放

2. 倾斜

将鼠标指针放在变形线上，当指针变为"倾斜指针" ⇉ 时，以变形中心点为轴倾斜对象，如图2-31所示。

3. 旋转

将鼠标指针放在任意一个顶角的变形手柄上，当指针变为"旋转指针" ↻时，以变形中心点为轴旋转图形对象，如图2-32所示。

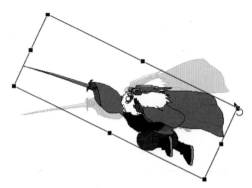

图2-31　倾斜图形对象　　　　　　　图2-32　旋转图形对象

4. 扭曲

选择元件或位图并打散(按Ctrl+B键)，单击"工具箱"面板中"任意变形工具"下的"扭曲"按钮 ⬚，或选择菜单"修改"/"变形"/"扭曲"命令，均可进行以下操作。

● 拖动任意一个变形手柄改变图形对象的形状，如图2-33所示。

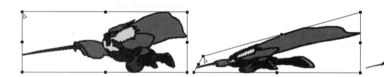

图2-33　扭曲图形对象

● 按住Shift键不放拖动变形手柄，可以将"扭曲"变形限制为"锥化"变形，如图2-34所示。

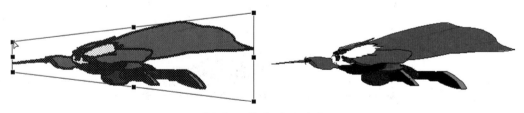

图2-34　锥化图形对象

5. 封套对象

"任意变形工具"的"封套"功能选项 ⬚，可以通过调整封套的点和切线手柄来编辑封套的形状，可以弯曲或扭曲对象，更改封套的形状会影响该封套内的对象的形状，如图2-35所示。

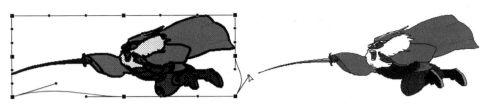

图2-35 封套图形对象

2.6 菜单控制图形对象

1. 缩放和旋转对象

选择菜单"修改"/"变形"/"缩放和旋转"命令，或按Ctrl+Alt+S键，弹出"缩放和旋转"对话框并输入参数值，如图2-36所示。

调整图形对象，按照精确的比例、角度、变形中心点进行缩放和旋转，如图2-37所示。

图2-36 "缩放和旋转"
对话框

图2-37 缩放并旋转

2. 旋转对象

选择菜单"修改"/"变形"/"顺时针旋转90度"与"逆时针旋转90度"命令，可以使图形对象围绕"变形中心点"实现精确旋转90度。

3. 翻转对象

选择菜单"修改"/"变形"/"垂直翻转"与"水平翻转"命令，可以实现图形对象围绕"变形中心点"的精确翻转。

2.7 变形面板

使用"选择工具"选择图形对象，选择菜单"窗口"/"变形"命令，或按Ctrl+T键，或单击右侧的"变形"按钮，均可弹出"变形"面板，如图2-38所示。

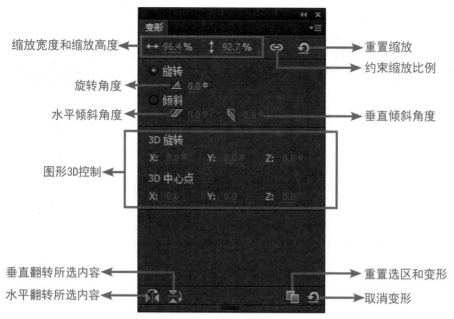

缩放宽度和缩放高度

重置缩放

约束缩放比例

旋转角度

水平倾斜角度

垂直倾斜角度

图形3D控制

垂直翻转所选内容

重置选区和变形

水平翻转所选内容

取消变形

图2-38　"变形"面板

在"变形"面板中分别输入图形对象需要围绕变形中心点缩放的大小比例、旋转的角度或倾斜的角度，也可以单独使用其中的一项变换图形对象的形状。

■ 教学案例：旋转缩放并复制图形对象

01　选择"工具箱"面板上的"任意变形工具"并单击图形对象，调整变形中心点的位置，如图2-39所示。

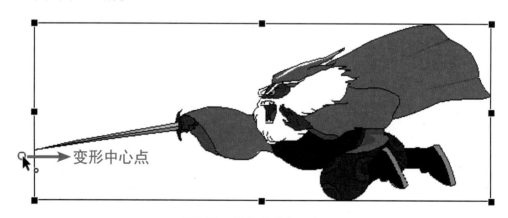

变形中心点

图2-39　调整变形中心点

02　锁定"约束缩放比例" (默认)，输入缩放高度和宽度为80%，旋转角度为45°，如图2-40所示。

03　连续单击"重置选区和变形"按钮 ，完成操作，如图2-41所示。

图2-40 设置变形选项

图2-41 完成变形

2.8 对齐面板

使用"选择工具"框选一个或多个图形对象，选择菜单"窗口"/"对齐"命令，或按Ctrl+K键，或单击右侧的"对齐"按钮，均可弹出"对齐"面板，如图2-42所示。

图2-42 "对齐"面板

"对齐"面板能够使所选图形对象与场景沿右边缘、中心或左边缘垂直对齐或分布，或者使多个选定对象之间的上边缘、中心或下边缘水平对齐或分布。

■ 教学案例：文字对齐场景

01 选择"工具箱"面板中的"文本工具"，逐一输入文字。

02 利用"选择工具"框选多个已经输入的文字对象，如图2-43所示。

03 选择菜单"窗口"/"对齐"命令，或按Ctrl+K键，或单击右侧的"对齐"按钮，打开"对齐"面板。

04 如果相对于场景大小应用"对齐"面板，则需要勾选"对齐"面板中的"与舞台对齐"复选框，如图2-44所示。

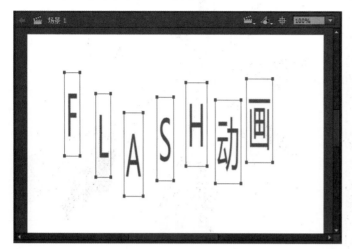

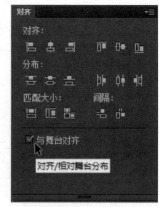

图2-43　选中输入的文字

图2-44　勾选"与舞台对齐"
复选框

05　分别单击"垂直中齐"按钮，完成文字对齐场景操作，如图2-45所示。

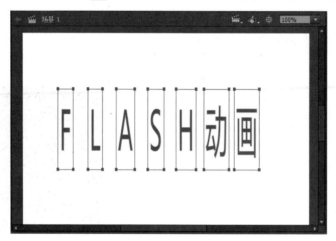

图2-45　对齐文字

2.9　分离图形对象

　　选择菜单"修改"/"分离"命令，或按Ctrl+B键，可以将组、文本、实例和位图分离为单独的可编辑的图形对象，同时极大地减小导入图形的文件大小。在打散元件实例时，会切断元件实例到其主元件的链接，并且放弃影片剪辑元件中除当前帧之外的所有帧。"分离"命令也称作打散，在Flash动画编辑中，"打散"命令的作用是非常重要的、不可缺少的。

第3章

Flash绘画

- 原画
- 绘画与动检

3.1　原画

3.1.1　原画的概念

　　原画也称动作设计，是动作设计和绘制的第一道工序，是动画片里每个角色动作的主要创作环节。绘制原画目的是：按照剧情和导演的意图，完成动画镜头中所表现角色的动作设计，画出一张张不同动作和表情的关键动态画面，并连续播放，能够充分表现该情节动作的要求，是片中动作关键性的画面。

　　简单说，原画即是运动物体关键动态的画，是整个动作的框架。如图3-1所示，其中①⑤是原画，是这个动作的关键动态。在每个镜头中，角色的连续性动作，必须先有原画勾勒出其中关键性的动态画面，然后才能进入第二阶段的全部中间过程。

①　　　　　②　　　　　③　　　　　④　　　　　⑤

图3-1　原画与中间画

3.1.2　动画的概念

　　动画(中间画）即原画画面关键动态帧之间的角色动作变化过程，按照原画所规定的动作范围、张数及运动规律，一张一张地画出中间画来，使其动作更加流畅细腻。图3-1中②③④都为中间画。简单地说，动画画面就是运动物体关键动态之间渐变过程的画。在动画片中，所有完整的连续性动作，都必须经过原画(关键动态画或关键帧）和动画(动作中间过程或补间）这两道工序的分工合作、密切配合才得以完成，形成完整的动画片。

　　原画和动画，可以说既是一种细致、复杂的艺术创作，又是一门技术性很强的特殊绘画专业。动画工作者为一部动画片的诞生所付出的辛苦劳动，体现在银屏上能够给每位观众带来欢乐和愉悦的享受。

3.2 绘画与动检

Flash的绘画工具基本满足了绘制原画和中间画的需要，同时其所具有的时间轴、网格和标尺的功能，作为动画制作应用软件，能满足所有平面手绘动画的工艺需求。本节在介绍绘画工具的同时，通过教学案例，讲解了学习利用Flash软件绘制原画、中间画的方法，以及原画和中间画的动画检查方式。

3.2.1 绘画工具的使用

1.线条工具

● **"线条工具"的设置**：选择"工具箱"面板中的"线条工具"或按N键，均可在场景中进行线段的绘制。选择菜单"窗口"/"属性"/"属性"命令或按Ctrl+F3键，打开"属性"面板，设置笔触属性，如图3-2所示。

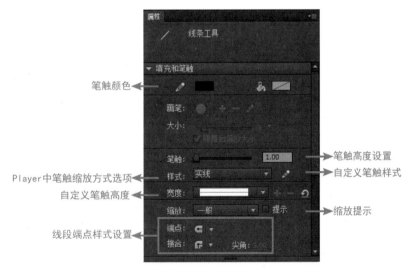

图3-2 "线条工具"的"属性"面板

● **"线条工具"的绘图绘画功能**："线条工具"可以完成大部分Flash绘画制作。"线条工具"与"选择工具"切换使用时(在使用任何工具进行操作的同时，按下Ctrl键自动将光标指针转换为"选择工具")，可以绘制出复杂的图形对象。也就是说，"线条工具"具有绘画功能。在线条绘制过程中，将线条的角度限制为45°的倍数时，按住 Shift键进行鼠标拖动。

■ 教学案例：利用"线条工具"进行人物图形绘画 ────────■

01 单击"工具箱"面板上的"线条工具"按钮█或按下N键。

02 按Ctrl+F3键，打开线条"属性"面板，将笔触高度设置为0.45像素。

03 拖动鼠标指针，在场景中利用线段勾画出人物的线条图形，如图3-3所示。

04 按下Ctrl键将鼠标指针切换成"选择工具"，或单击"工具箱"面板上的"选择工具"，都可利用"选择工具"的改变图形对象形状功能调整各条线段的形状，如图3-4所示。

图3-3　勾画线段组成人物图形轮廓　　图3-4　利用"选择工具"的鼠标指针调整线段形状

05 细微描绘的部分可以利用"缩放工具"放大，也可以在英文输入状态下，按下Ctrl++键、Ctrl+-键放大或缩小所选区域，利用"线条工具"和"选择工具"对图形对象进行调整，如图3-5所示。

06 利用"线条工具"和"选择工具"添加、调整线段，并完成图形的绘制，如图3-6所示。

图3-5　放大图形对象　　　　　　　　图3-6　完成绘制

　　利用"线条工具"绘制完成的图形对象，需要利用菜单命令将线条转换为填充，即选择菜单"修改"/"形状"/"将线条转换为填充"命令。其目的一是可以对所绘线段进行形状的更改，达到压感笔触的效果；二是在进行颜色渐变动画时，避免产生笔触颜色和填充颜色不能同步渐变的现象。

■ 教学案例：利用"线条工具"勾画扫描的线稿

01 新建一个Flash文档。

02 选择菜单"文件"/"导入"/"导入到舞台"命令，或按下Ctrl+R键，导入已经扫描到计算机的线稿文件至"图层1"第1帧场景中，如图3-7所示。

03 单击"时间轴"面板上的"将所有图层轮廓显示"按钮█，选择"工具箱"面板中的"任意变形工具"，调整导入位图的大小以适合场景大小，在调整大小的同时按住Shift键，可等比例缩放，如图3-8所示。

图3-7 导入的位图

图3-8 等比例缩放图形对象

04 单击"时间轴"面板上的"将所有图层轮廓显示"按钮█，恢复显示图形对象。按下Ctrl键，将鼠标指针切换成"选择工具"，单击场景中的图形对象，选择图形。

05 选择菜单"窗口"/"对齐"命令，或按下Ctrl+K键，或选择悬浮面板中的"对齐"按钮█，打开"对齐"面板，勾选"与舞台对齐"复选框，并分别单击"垂直中齐"█和"水平中齐"█按钮，使图形对象与场景居中对齐，如图3-9所示。

图3-9 对齐图形对象

06 单击"时间轴"面板上的"新建图层"按钮█，新建一个图层"图层2"，如图3-10所示。

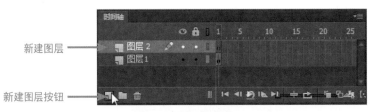

图3-10　新建图层

07　在"图层2"第2帧上单击鼠标右键，在弹出的快捷菜单中选择"插入空白关键帧"命令，或按F7键，插入一个空白关键帧，如图3-11所示。

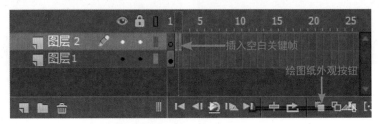

图3-11　插入关键帧与绘图纸外观按钮

帧操作的快捷方式：按F5键为插入普通帧，按F6键为插入关键帧，按F7键为插入空白关键帧。

08　单击"时间轴"面板上的"绘图纸外观"按钮█。

09　利用"线条工具"进行线稿的轮廓描绘。在进行画面的移动时，可以随时按下空格键，将鼠标指针转换为"手形工具"进行画面移动，如图3-12所示。

10　按下Ctrl键或将鼠标指针转换成"选择工具"，调整线条完成绘制。单击"绘图纸外观"按钮█，关闭绘图纸外观标记，完成线稿描绘，如图3-13所示。

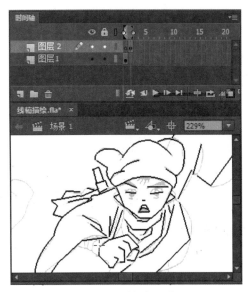

图3-12　描绘线稿

图3-13　完成线稿描绘

2. 钢笔工具

使用"钢笔工具"可以绘制精确的路径，如直线或平滑流畅的曲线。使用"钢笔工具"绘画时，单击可以在直线段上创建节点，拖动可以调整曲线段，并通过调整线条上的点来调整直线段和曲线段。可以将曲线转换为直线，或将直线转换为曲线，并显示用其他Flash绘画工具(如"铅笔工具""刷子工具""线条工具""椭圆工具"或"矩形工具")在线条上创建的点，可以调整这些线条，如图3-14所示。"钢笔工具"对应的下拉菜单中分别为："添加锚点工具" 🖊️、"删除锚点工具" 🖊️和"转换锚点工具" ▶️。

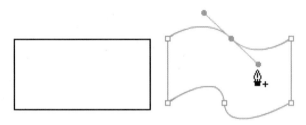

图3-14　在矩形图形对象中添加锚点并调整曲线

"钢笔工具"绘画方式的运用与"线条工具"的绘画方式基本相同，可以根据个人使用习惯进行练习、运用。

3. 铅笔工具

"铅笔工具"可以绘制线条和形状，绘画的方式与使用真实铅笔大致相同，熟练地使用"铅笔工具"对创建线稿素材具有很大的帮助。"铅笔工具"绘画模式分别为："直线化" 🔾、"平滑" 🇸 和"墨水"(自由曲线) 🖊️，如图3-15所示。

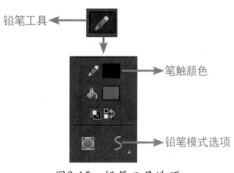

图3-15　铅笔工具选项

"铅笔工具"的"墨水"模式 🖊️绘制的图形，基本和手绘的图形一致，当需要调整手绘线段时，可以结合"选择工具"的"伸直" 🔾与"平滑" 🇸选项。

教学案例："平滑"模式绘制图形

01 单击"工具箱"面板上的"铅笔工具"按钮 🖊️。

02 选择菜单"窗口"/"属性"/"属性"命令或按Ctrl+F3键，打开铅笔工具"属性"面板，然后选择笔触颜色、线条粗细和样式。

03 在"工具箱"面板的选项区中选择"墨水"模式 🖊️绘制图形对象，如图3-16所示。

04 单击"工具箱"面板上的"选择工具"，框选图形对象。

05 在"工具箱"面板选项区单击"平滑"按钮 S，或多次单击，直到图形对象符合要求，如图3-17所示。

图3-16　墨水模式绘制图形

图3-17　平滑选项调整图形

4. 刷子工具

"刷子工具"具有绘画功能，同时也具有涂色功能，可以根据不同的需要选择绘画、涂色模式。"刷子工具"的"刷子模式"选项分别为："标准绘画" ⬤、"颜料填充" ⬤、"后面绘画" ⬤、"颜料选择" ⬤、"内部绘画" ⬤，如图3-18所示。

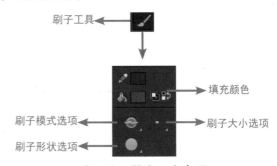

图3-18　刷子工具选项

- "标准绘画"：可对同一图层的线条和填充区域涂色，如图3-19所示。
- "颜料填充"：可对填充区域和空白区域涂色，不影响线条，如图3-20所示。
- "后面绘画"：在场景中同一层的空白区域涂色，不影响线条和填充，如图3-21所示。

图3-19　标准绘画模式　　　图3-20　颜料填充模式　　　图3-21　后面绘画模式

● **"颜料选择"（选区涂色）**：可以修改选择区域上的颜色，重新应用新的颜色进行填充，如图3-22所示。

图3-22　颜料选择模式

● **"内部绘画"**：可以在"刷子工具"第一次单击的区域范围内应用该工具绘图，对于其他区域不会受影响，并且从不对线条涂色。如果在空白区域中开始涂色，则填充不会影响任何现有填充区域，如图3-23所示。

内部绘画

图3-23　内部绘画模式

5. 橡皮擦工具

"橡皮擦工具"可以清除图形对象的描绘颜色或填充颜色。可以根据擦除图形对象操作的需要，更改擦除模式与橡皮擦的大小和形状。"橡皮擦工具"的选项如图3-24所示。

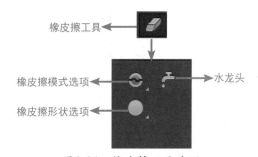

橡皮擦工具

橡皮擦模式选项　　　　水龙头

橡皮擦形状选项

图3-24　橡皮擦工具选项

"橡皮擦工具"可以根据图形对象的形状，利用"工具箱"面板中的"橡皮擦形状"按钮 ■，更改形状和大小。可以根据擦除图形对象描绘颜色或填充颜色的需要，利用"工具箱"面板中的"橡皮擦模式"按钮，更改擦除模式。其形式分为："标准擦除"、"擦除填充色"、"擦除线条"、"擦除所选填充"、"内部擦除"。可以利用"工具箱"面板中的"水龙头"按钮，快捷地擦除图形对象的描绘或填充。

- **"标准擦除"按钮**：快速擦除图形对象的描绘和填充，如图3-25所示。
- **"擦除填充色"按钮**：仅擦除图形对象的填充色，如图3-26所示。
- **"擦除线条"按钮**：仅擦除图形对象的描绘笔触颜色，如图3-27所示。

图3-25　标准擦除　　　　图3-26　擦除填充色　　　　图3-27　擦除线条

- **"擦除所选填充"按钮**：按住Ctrl键，切换成"选择工具"并框选范围，放开Ctrl键，擦除填充颜色，且无论是否选择了描绘颜色都不会被擦除，如图3-28所示。
- **"内部擦除"按钮**：可以在"橡皮擦工具"第一次单击的区域范围内擦除图形对象，不会擦除描绘色，如图3-29所示。

图3-28　擦除所选填充　　　　　　图3-29　内部擦除

3.2.2　标尺与辅助线

在Flash中，利用标尺和网格辅助线可以进行图形对位来绘制中间画。可以利用此功能替代传统动画的中间画绘制工艺。

1. 标尺与辅助线设置

1）设置标尺

选择菜单"视图"/"标尺"命令，或按Ctrl+Alt+Shift+R键，均可显示标尺。当显示标尺时，它们将显示在文档编辑区的左侧和上侧，其默认单位为像素。在显示标尺的情况下选择场景中的对象时，将在标尺上显示几条线，指出该元件的尺寸，如图3-30所示。

图3-30 标尺

2）设置辅助线

拖动鼠标，从标尺上将水平辅助线和垂直辅助线拖动到场景中，如图3-31所示。

双击辅助线可以显示辅助线的位置，如图3-32所示。

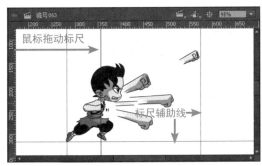

图3-31 标尺辅助线

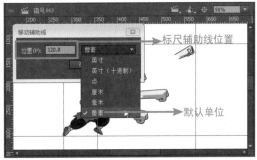

图3-32 显示辅助线位置

3）显示/隐藏网格

选择菜单"视图"/"网格"/"显示网格"命令，或按Ctrl+´键，显示或隐藏网格，如图3-33所示。

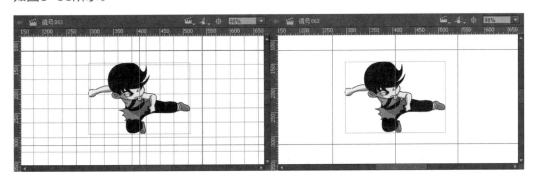

图3-33 显示/隐藏网格

4）网格参数设置

选择菜单"视图"/"网格"/"编辑网格"命令，或按Ctrl+Alt+G键，打开"网格"对话框，查看或更改当前网格设置，如图3-34所示。

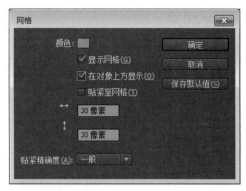

图3-34　"网格"对话框

5）单位设置

标尺和网格的默认单位是像素，也可以根据个人使用习惯和制作要求进行更改。选择菜单"修改"/"文档"命令或按Ctrl+J键，均可打开"文档设置"对话框进行更改，如图3-35所示。

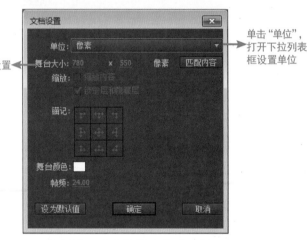

图3-35　"文档设置"对话框

2. 标尺与辅助线运用

利用标尺辅助线和网格对位绘制中间画。

■ 教学案例：绘制中间画

01 新建一个文档，打开"文档设置"对话框，设置单位为厘米。

02 显示标尺和网格，并设置"网格"宽度和高度均为2cm，如图3-36所示。

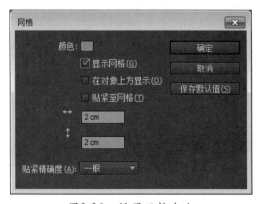

图3-36　设置网格大小

03 在"图层1"的第1帧场景中绘制第一
张原画,并利用标尺辅助线标识出横纵
中间线(以人物头的中心为基准点),
如图3-37所示。

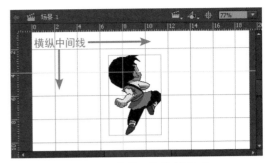

图3-37 在第1帧绘制原画

04 按F7键,分别在第2、3、4帧插入空白关键帧,打开"时间轴"面板上的"绘图纸外
观"按钮，并调整绘图纸外观标记,可以随时查看当前绘制图形的位置和透视关
系,在"图层1"第4帧场景中绘制第二张原画,如图3-38所示。

05 在第2、3帧分别绘制中间画,如图3-39所示。

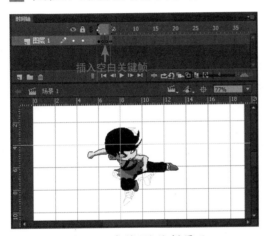

图3-38 在第4帧绘制原画

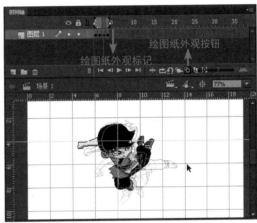

图3-39 完成中间画绘制

3.2.3 上色技巧

1. 颜色设置

Flash颜色填充分为两大类:一是"笔触颜色"，其相对应的工具分别为"钢笔
工具""直线工具""铅笔工具""墨水瓶工具"以及多边形工具的边框线颜色的设定;
二是"填充颜色"，对应的工具分别为 "文本工具""刷子工具""颜料桶工具"
以及多边形工具的填充颜色的设定。

任何颜色的设定可以通过选择菜单"窗口"/"颜色"命令,或单击右侧的"颜色"
按钮，打开"颜色"面板进行设置,如图3-40所示。

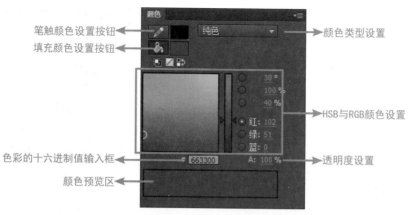

笔触颜色设置按钮
填充颜色设置按钮
颜色类型设置
HSB与RGB颜色设置
色彩的十六进制值输入框
颜色预览区
透明度设置

图3-40　"颜色"面板

在"颜色类型"下拉菜单中有以下颜色类型选项："无""纯色""线性渐变""径向渐变"和"位图填充"。

- **"无"**：删除填充色。
- **"纯色"**：指单一的填充颜色。通过单击"颜色"面板中的"笔触颜色"或"填充颜色"按钮，打开色板进行笔触颜色或填充色设置，如图3-41所示。

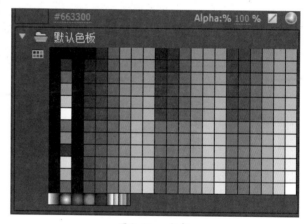

图3-41　色板

- **"线性渐变"**：指两种或两种以上的颜色沿一个方向产生的沿线性轨道混合的颜色渐变。可以通过对"颜色指针"的调整或对"颜色指针"的添加/删除来调整线性渐变色。利用鼠标拖动"颜色指针"调整颜色渐变的关键点；利用鼠标单击颜色预览区即可添加新的"颜色指针"，双击鼠标可设置颜色；利用鼠标将"颜色指针"拖出"指针滑动条"可以将其删除，如图3-42所示。

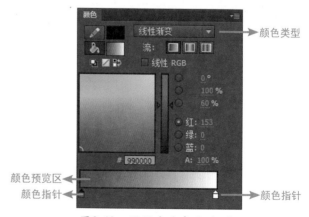

颜色类型
颜色预览区
颜色指针
颜色指针

图3-42　线性渐变颜色类型

● **"径向渐变"**：产生从一个中心焦点出发沿环形轨道向外混合的渐变。左侧的"颜色指针"为放射状颜色中心点，如图3-43所示。

图3-43 径向渐变的颜色类型

● **"位图填充"**：利用导入库中的位图图像平铺所选的填充区域。选择"位图填充"选项时，系统会显示一个对话框，可以通过该对话框选择本地计算机上的位图图像，将其添加到库中，并以此位图作为填充，如图3-44所示。

图3-44 位图颜色类型

2. 上色

■ 教学案例：人物的绘制与上色

01 新建一个Flash文档。

02 利用"直线工具"等绘图工具在场景中绘制出人物的轮廓，并结合Ctrl键拖动线条，绘制出人物线稿，如图3-45所示。

03 利用"选择工具"框选绘制的图形对象，选择菜单"修改"/"形状"/"将线条转换为填充"命令，将笔触线条转换为填充色。

04 利用"直线工具"描绘出人物线稿的高光区域和暗影区域，如图3-46所示。

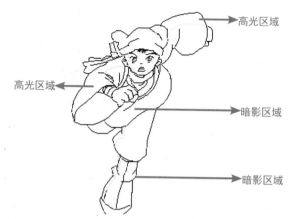

图3-45 绘制人物线稿　　　图3-46 绘制人物造型线稿的高光区域和暗影区域

05 打开"颜色"面板，选择相应的颜色，并利用"颜料桶工具"进行填充。然后使用"选择工具"选择所绘制的图形对象，单击"颜色"面板中的"无色"按钮☑删除笔触线条，如图3-47所示。

06 完成上色，如图3-48所示。

图3-47 填充颜色并删除部分笔触线条　　　图3-48 完成上色

3.2.4 Flash动检

1. 动检的概念

动检即动画检测，就是依照动画规律，对动画进行检验。检验的内容主要包括线条是否流畅、整洁，造型是否发生变化，动作位置是否符合规律等。在Flash中，可以直接将在计算机中绘制的中间画或手绘扫描的位图图片导入时间轴，进行动画检测。

■ 教学案例：Flash动检

01 绘制原画、中间画，如图3-49所示。

02 选择菜单"修改"/"文档"命令，打开"文档设置"对话框，将"帧频"设置为24
帧/秒，如图3-50所示。

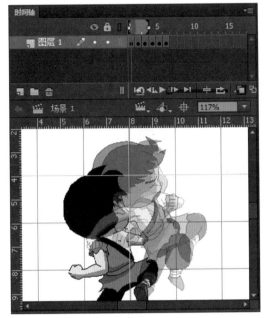

图3-49　在场景中绘制的原画、中间画

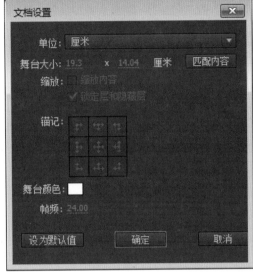

图3-50　设置帧频

03 在每个关键帧上单击选择帧，并按F5键逐一插入帧，设置"播放指针"为"两
帧一拍"的播放节奏，如图3-51所示。选择菜单"控制"/"播放"命令或按
Enter键，或单击"时间轴"面板上的"播放"按钮▶，播放影片检测动画
效果。

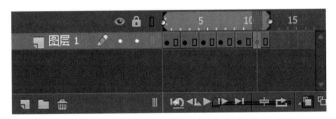

图3-51　设置"两帧一拍"播放速度进行动检

04 根据动作规律进行插入帧和删除帧的操作，以调整动作节奏，如图3-52所示。

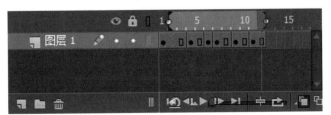

图3-52　调整动作节奏

05 根据分镜头脚本和运动规律，重新调整各帧在场景中的图形对象的位置，如图3-53所示。

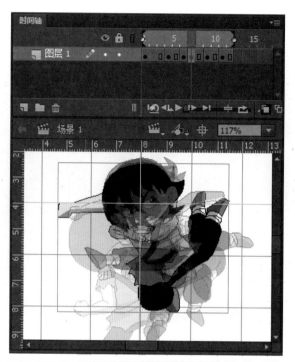

图3-53　调整各帧在场景中的图形位置

06 按Enter键进行播放，并观察效果。

2. Flash动画质量的检查标准

● 对原画的动作设计意图是否理解清楚，表现是否准确、到位。

● 对角色造型的掌握是否准确、熟练，形象转面、动态结构是否符合要求。

● 动作中间过程是否符合运动规律，特殊动作的技术处理有无差错。

● 动画线条是否完美，线条连接是否严密，有无漏线现象。

● 动画张数是否齐全，画面是否整洁。

第4章

时间轴面板

- 时间轴的概念
- 帧
- 图层面板

4.1 时间轴的概念

时间轴也叫作时间线，是一条贯穿时间的轴，用于表示场景中的元件或图形对象在不同时间存在的不同状态，利用时间轴可以创建各种动态效果。时间轴用于组织和控制一定时间内的图层和帧中的文档内容。与胶片一样，Flash文档也将时长分为帧。图层就像堆叠在一起的多张幻灯胶片一样，每个图层都包含一个显示在场景中的不同图像。

"时间轴"面板的主要组件是："图层"面板、"帧"面板、"播放指针"，时间轴状态显示在"时间轴"面板的底部，它指示所选的帧编号、当前帧频以及到当前帧为止的运行时间等，如图4-1所示。

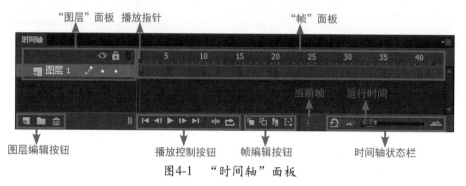

图4-1 "时间轴"面板

4.2 帧

帧是进行Flash动画制作的最基本的单位，每一个精彩的Flash动画都是由很多个精心雕琢的帧构成的。在"时间轴"面板上的每一帧都可以包含需要显示的所有内容，包括图形、声音、各种素材和其他多种对象，如图4-2所示。

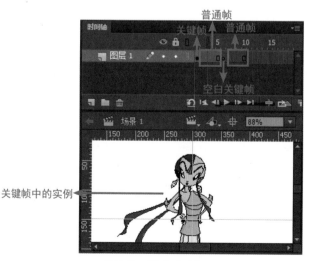

图4-2 帧与实例

4.2.1 帧的类型

1. 关键帧

关键帧在时间轴上显示为实心的圆点，是具有关键内容（原画、中间画、声音、按钮、帧动作脚本等）的帧。用来定义动画变化、更改状态的帧，即编辑场景中存在的实例对象并可对其进行编辑的帧。同一层中，在前一个关键帧的后面任一帧处插入关键帧，是复制前一个关键帧上的对象，并可对其进行编辑操作。

在动画编辑过程中，应尽可能地节约关键帧的使用，以减小动画文件的体积；尽量避免在同一帧处过多地使用关键帧，以减小动画运行的负担，使画面播放流畅。

2. 空白关键帧

空白关键帧在时间轴上显示为空心的圆点，是没有场景的实例内容的关键帧。在任何帧后面插入空白关键帧，可清除该帧后面的延续内容，也可以在关键帧上添加新的实例对象或帧动作脚本（新建一层Actions动作脚本层），如图4-3所示。

图4-3 帧动作脚本

3. 普通帧

普通帧在时间轴上显示为灰色填充或白色填充的小方格，在时间轴上能显示实例对象，但不能对实例对象进行编辑操作的帧。插入的普通帧是延续前一个关键帧上的内容，不可对其进行编辑操作。

4.2.2 创建帧

1. 创建关键帧

01 在"帧"面板中单击选择一个帧。

02 选择菜单"插入"/"时间轴"/"关键帧"命令，或按F6键，或右键单击"帧"面板中的一个帧，打开快捷菜单，选择"插入关键帧"命令，如图4-4所示。

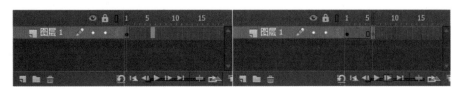

图4-4 插入关键帧

2. 插入帧

01 单击"帧"面板中的一个帧。

02 选择菜单"插入"/"时间轴"/"帧"命令，或按F5键，或右键单击"帧"面板中的一个帧，打开快捷菜单，选择"插入帧"命令，如图4-5所示。

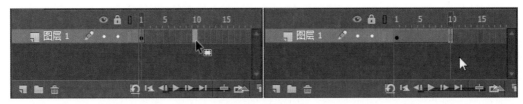

图4-5　插入帧

3. 创建空白关键帧

01 在"帧"面板中选择一个帧。

02 选择菜单"插入"/"时间轴"/"空白关键帧"命令，或按F7键，或右键单击"帧"面板中的一个帧，打开快捷菜单，选择"插入空白关键帧"命令，如图4-6所示。

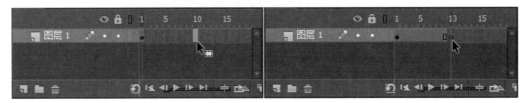

图4-6　插入空白关键帧

4.2.3　帧面板表现形式

在Flash中创建的动画，"帧"面板中会按照如下方式区分时间轴上的传统补间动画和补间形状动画，也可以通过"属性"面板为帧添加标签。

● 带有浅蓝色背景的黑色箭头表示补间动画，中间的帧为补间帧，如图4-7所示。

● 带有浅绿色背景的黑色箭头表示补间形状动画，中间的帧为形状补间帧，如图4-8所示。

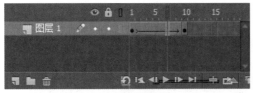

图4-7　传统补间动画的帧表现形式　　　图4-8　形状补间动画的帧表现形式

● 虚线表示补间是断的或不完整的。例如最后的关键帧已丢失时，如图4-9所示。

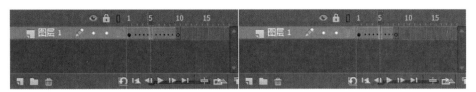

图4-9 补间失败的表现形式

- 为关键帧添加动作时,时间轴上会添加一个新的图层Actions层,并在关键帧上方出现一个小写a,则表示已使用"动作"面板为该关键帧添加了一个帧动作脚本,如图4-10所示。
- 红色的小旗表示该关键帧包含一个标签名称,如图4-11所示。

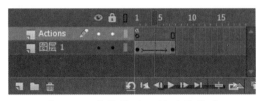

图4-10 关键帧添加帧动作脚本

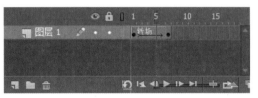

图4-11 帧标签

- 绿色的双斜杠表示该关键帧包含标签注释,如图4-12所示。
- 金色的锚记表明该关键帧包含一个标签锚记,如图4-13所示。

图4-12 帧注释

图4-13 帧锚记

4.2.4 帧的编辑操作

1. 选择帧

帧的选择可以通过以下方式进行操作。

- **选择单个帧**:单击"帧"面板中需要选取的帧,如图4-14所示。
- **选择帧序列**:在"帧"面板中单击某一帧并拖动鼠标选取需要的帧、关键帧或帧序列,如图4-15所示。

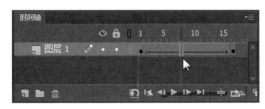

图4-14 选取单个帧

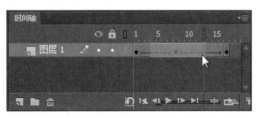

图4-15 选择多帧

● **不同图层帧的选择**：在"帧"面板中单击并拖动鼠标选取需要的帧、关键帧或帧序列，如图4-16所示。

2. 删除帧

选择需要删除的帧、关键帧或帧序列。选择菜单"编辑"/"时间轴"/"删除帧"命令，或按Shift+F5键，或在选中的帧上单击鼠标右键，打开快捷菜单，选择"删除帧"命令，如图4-17所示。

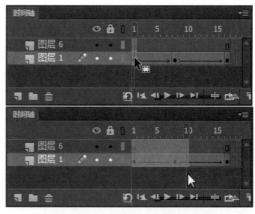

图4-16　不同图层帧的选择

3. 清除帧

1)清除关键帧

选中关键帧或空白关键帧。选择菜单"修改"/"时间轴"/"清除关键帧"命令，或右键单击该关键帧，选择快捷菜单中的"清除关键帧"命令，被清除的关键帧以及到下一个关键帧之前的所有帧的内容都将被清除，同时被前面关键帧的内容替换，如图4-18所示。

图4-17　右键快捷菜单

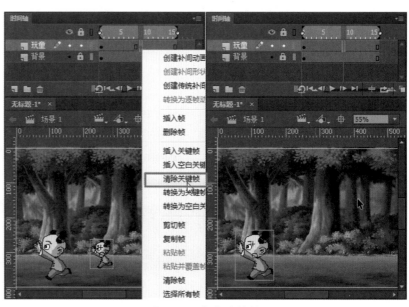

图4-18　清除关键帧

2)清除补间帧

在已经创建补间动画的帧序列上选择需要清除的普通帧。选择菜单"修改"/"时间轴"/"清除帧"命令，或右键单击该帧，选择快捷菜单中的"清除帧"命令，会插入一个空白关键帧和与后面内容一致的关键帧，如图4-19所示。

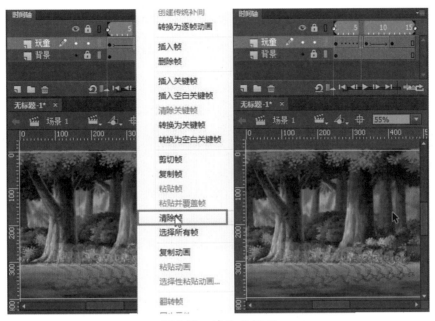

图4-19　清除补间帧

4. 复制与粘贴帧

选择需要复制的帧、关键帧或帧序列。单击鼠标右键，选择快捷菜单中的"复制帧"命令，再右键单击"帧"面板上需要放置帧的位置，选择"粘贴帧"命令。

复制帧与粘贴帧的操作，可以将其他动画或场景中的帧复制、粘贴到新文件的"帧"面板上。也可以按住Alt键通过拖动来复制关键帧或帧序列，如图4-20所示。

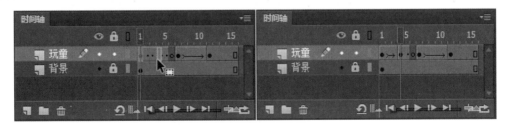

图4-20　拖动复制帧

5. 移动帧

选择需要复制的帧、关键帧或帧序列，按住鼠标左键拖动到需要放置的位置，如图4-21所示。

6. 翻转帧

翻转帧的操作可以将后面的关键帧与前面的关键帧进行顺序的互换。操作时选择一个或多个图层中需要翻转的帧，单击鼠标右键，选择"翻转帧"命令，或选择菜单"修改"/"时间轴"/"翻转帧"命令，如图4-22所示。

图4-21　移动帧　　　　　　　　　　　　图4-22　翻转帧

7. 帧的其他操作

通过位于"时间轴"面板下方的帧编辑按钮，可以同时对多帧进行编辑、观察、定位等操作，如图4-23所示。

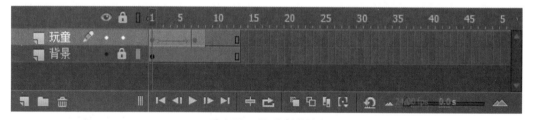

图4-23　帧编辑按钮

8. 图纸外观

在通常情况下，编辑场景时，场景中仅显示动画序列的一个帧。为便于定位、观察和编辑多个帧中的对象，可以使用"时间轴"面板中的帧编辑按钮。

- **"绘图纸外观"按钮**：单击"绘图纸外观"按钮■，当前帧中的图形对象以正常颜色显示，其他帧中的图形对象以模糊的颜色显示，如图4-24所示。
- **"绘图纸外观轮廓"按钮**：单击"绘图纸外观轮廓"按钮■，当前帧中的图形对象以正常颜色显示，其他帧的图像以轮廓的形式显示，如图4-25所示。

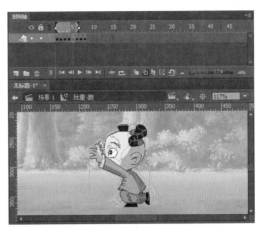

图4-24　绘图纸外观　　　　　　　　　　图4-25　绘图纸外观轮廓

9. 多帧编辑

● **编辑多个帧按钮：**"绘图纸外观"通常只允许编辑当前帧，并且无论哪一个关键帧为当前帧，都可以编辑。如果需要编辑"绘图纸外观标记"之间的所有帧，可以单击"编辑多个帧"按钮██来实现对所有帧的逐一编辑，如图4-26所示。

● **移动所有实例：**可以一次移动所有帧和图层中的实例，以免重新对齐所有内容。单击"编辑多个帧"按钮██，并拖动绘图纸外观标记使其包含要选择的所有帧，或单击"修改标记"按钮██，在弹出的菜单中选择"标记所有范围"命令，然后按Ctrl+A键全选，如图4-27所示。

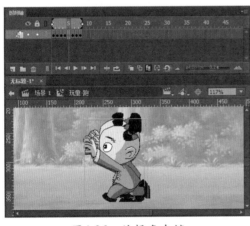

图4-26　编辑多个帧　　　　　　　　　　图4-27　编辑所有实例

● **"始终显示标记"：**不管"绘图纸外观"是否打开，都会在时间轴中显示"绘图纸外观标记"。

● **"锚定标记"：**将"绘图纸外观标记"锁定在它们在时间轴中的当前位置。通常情况下，"绘图纸外观"范围是和"播放指针"以及"绘图纸外观标记"相关的。通过锁定"绘图纸外观标记"，可以防止它们随"播放指针"移动。

- "标记范围2"：在当前帧的两边各显示两个帧中的实例。
- "标记范围5"：在当前帧的两边各显示五个帧中的实例。
- "标记所有范围"：在当前帧的两边显示所有帧。

4.3 图层面板

4.3.1 图层的概念

图层是"时间轴"面板的一部分，Flash文档中的每一个场景都可以包含任意数量的图层。上层的动画对象会遮挡下层的动画对象。图层和图层文件夹用于组织动画序列的组件和分离动画对象，这样它们就不会互相擦除、连接或分割。若要一次补间多个组或元件的运动，每个组或元件必须在单独的图层上。背景层通常包含静态插图，其他的每个图层中只包含一个独立的动画对象，如图4-28所示。

图4-28　图层

4.3.2 图层的基本操作

1. 添加图层

Flash默认新建文档在"时间轴"面板中只有一个图层，图层默认名称为"图层

1"。在编辑动画过程中往往需要大量的图层，每个图层中的编辑对象既复杂又难以查找，因此在创建多图层动画时最好将每个图层命名，用于表达当前图层的内容，方便在制作过程中或多人合作制作动画过程中查找、编辑。

添加新的图层可以选择以下方式操作。

- 单击"时间轴"面板中的"新建图层"按钮，插入图层并双击图层名称重新命名。
- 选择菜单"插入"/"时间轴"/"图层"命令，插入图层并双击图层名称重新命名。

如果要修改图层的名称，可在"时间轴"面板的图层上单击鼠标右键，打开快捷菜单，并选择"属性"命令，或选择菜单"修改"/"时间轴"/"图层属性"命令，打开"图层属性"对话框，在"名称"文本框中输入名称，单击"确定"按钮，如图4-29所示。

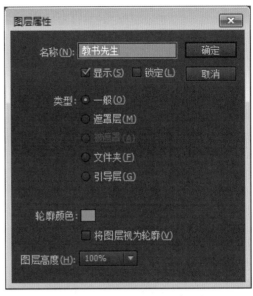

图4-29 "图层属性"对话框

2. 选取图层

在"图层"面板中可以单击图层单选图层，也可以与Shift键或Ctrl键结合，选择连续的图层和不连续的图层。

01 单选图层，如图4-30所示。

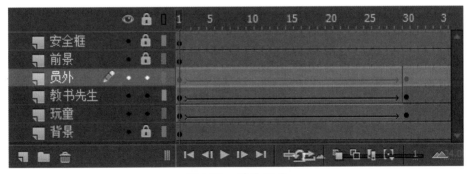

图4-30 单选图层

02 与Shift键结合选择连续的图层，如图4-31所示。

03 与Ctrl键结合选择不连续的图层，如图4-32所示。

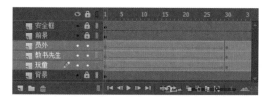
图4-31　选择连续的图层

图4-32　选择不连续的图层

3.移动图层

图层顺序是可以改变的。在编辑动画过程中，经常要调整场景中动画对象的前后顺序，因此需要改变图层的上下顺序。在选取多个图层的情况下，也可以进行多个图层的移动。

操作方式为：选择需要改变顺序的图层，并按住鼠标左键向下或向上拖动图层。

4.新建图层

可以根据需要在任何当前编辑的图层上方插入图层。

操作方式为：选择菜单"插入"/"时间轴"/"图层"命令，或单击"时间轴"面板上的"新建图层"按钮▤，在当前编辑图层的上方插入一个新图层，名称为默认名称，如图4-33所示。

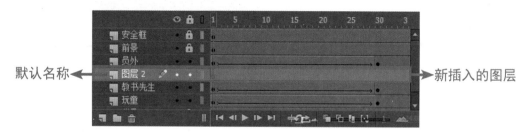
图4-33　插入新图层

5.删除图层

在编辑动画过程中，如果需要删除那些不需要的图层，以减小文件体积、加快运行速度，可以进行以下操作之一。

● 在选取的图层上单击鼠标右键，打开快捷菜单，选择"删除图层"命令。
● 单击"时间轴"面板上的"删除图层"按钮▥。

4.3.3　图层的状态

在编辑动画的过程中，一个场景中如果有过多图层的图形对象显示，会干扰其他图层的编辑，给编辑工作带来麻烦。为了进行单独图层的编辑，可以使用"时间轴"面板上的图层状态按钮进行图层的锁定/解锁、显示/隐藏、轮廓显示等操作，如图4-34所示。

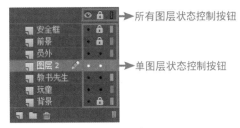

1. 显示/隐藏图层

在编辑场景过程中，可以将一些图层场景的动画对象隐藏，只保留需要编辑场景动画对象的图层；也可以隐藏所有图层场景的动画对象，使新建的图层场景编辑不受影响。

图4-34　图层状态控制按钮

- **显示/隐藏所有图层的动画对象**：单击"时间轴"面板上的"显示/隐藏所有图层"按钮👁，隐藏或显示所有图层场景的动画对象，如图4-35所示。

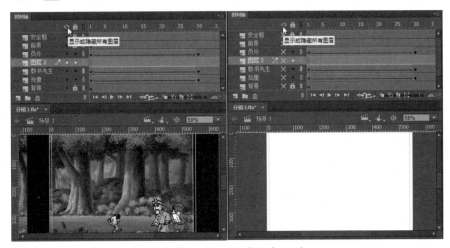

图4-35　显示/隐藏所有图层

- **显示/隐藏某一图层场景的动画对象**：单击图层中与"显示/隐藏所有图层"按钮👁相对应的"隐藏/显示当前图层"按钮，当该按钮变为✕时，表示隐藏当前图层动画对象，再单击还原为按钮并显示动画对象，如图4-36所示。

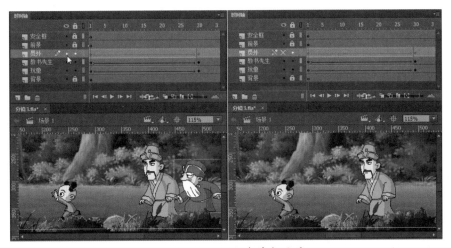

图4-36　显示/隐藏单个图层

2. 锁定图层

当所有图层编辑完毕后，可以单击"锁定或解除锁定所有图层"按钮 🔒，以防止由于其他操作对图层内容的修改，如图4-37所示。

图4-37　锁定或解除锁定所有图层

也可以单击某一图层中相对"锁定/解除锁定所有图层"按钮 🔒 下方的"锁定当前图层" 🔒 与"解锁当前" 🔒 按钮来锁定/解除锁定当前图层，如图4-38所示。

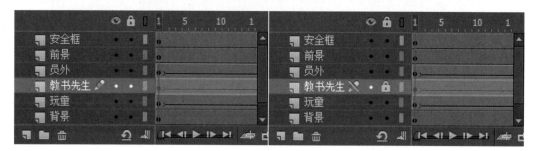

图4-38　锁定或解除锁定单一图层

3. 显示图层的轮廓

参见"第2章　图形对象的操作\2.2　图形对象的预览"中的内容。

4.3.4　组织图层文件夹

在Flash动画制作过程中，需要建立很多不同角色、背景、分镜头脚本、动画形式等的图层，为了减少"时间轴"面板图层的显示数量，方便编辑查找，可以将图层分类并建立图层文件夹，将相同类型的图层拖放到以此类图层命名的图层文件夹中。

1. 建立图层文件夹

■ **教学案例：整理图层**

01 单击"时间轴"面板中的"新建文件夹"按钮 📁，在图层中建立一个文件夹并双击名称重新命名，如图4-39所示。

02 利用鼠标选择需要整理到文件夹的图层，按住鼠标左键将图层拖放到建立的图层文件夹下，松开鼠标，图层在文件夹下向右缩进，如图4-40所示。

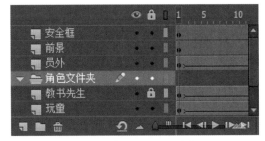

图4-39 建立文件夹并命名

03 单击文件夹左侧的"折叠图层文件夹"按钮▼，或在图层上单击鼠标右键，打开快捷菜单，选择"折叠文件夹"命令，可以折叠起图层文件夹内的所有图层，再单击"展开图层文件夹"按钮▶，可以打开图层文件夹内的所有图层，如图4-41所示。

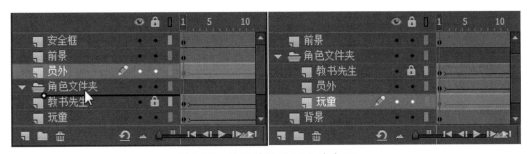

图4-40 将图层拖放到文件夹下

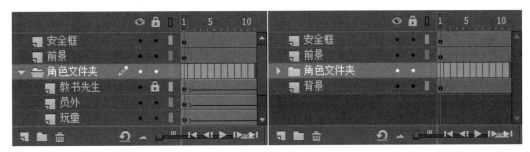

图4-41 图层文件夹的折叠与展开

2. 删除图层文件夹

需要删除图层文件夹时，利用鼠标分别选择或多选需要删除的图层文件夹。单击鼠标右键，在快捷菜单中选择"删除图层文件夹"命令；或单击"删除图层"按钮🗑，删除图层文件夹。在删除含有图层的图层文件夹时，将提示是否删除图层文件夹内的所有嵌套图层。

如果需要删除图层文件夹，且里面嵌套的图层需要保留，则单击鼠标右键，在快捷菜单中选择"属性"命令，或双击图层文件夹图标，打开"图层属性"对话框，设置图层"类型"为"一般"，如图4-42所示。

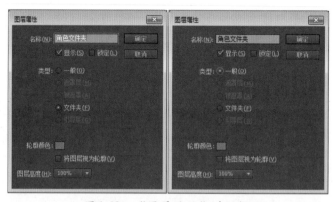

图4-42　"图层属性"对话框

将图层文件夹转换成为一个普通图层，如图4-43所示。

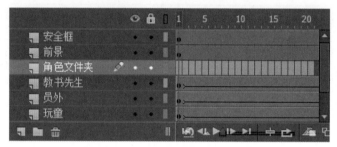

图4-43　图层文件夹转换为图层

第5章

Flash的动画形式

- 元件
- Flash动画基本形式

在Flash动画制作中，建库是关键的环节。而在建库过程中，元件的创建是一部成功Flash动画片的基础和关键。

5.1 元件

在进行Flash动画创作过程中，元件是Flash动画的基本元素，可以说没有元件就没有Flash动画，其制作过程相当于传统手绘动画的拍摄前的前期制作工艺，例如人物造型设计、背景、上色、配音等，其作用是组织这些角色、道具等在拍摄镜头前做出镜前的准备工作一样，将它们集中在元件库中，按照台本的要求做上场前的准备。

通过元件的制作，为Flash动画绘制演员、原画中间画、背景、道具，并在影片制作过程中按照剧本的要求逐一在场景中展示给观众。实际制作Flash影片过程中，不同的元件根据Flash软件动画方式、方法的不同，运用方式也不一样，而影片剪辑元件的嵌套使用也是学习Flash动画的一个难点，再加上背景色彩动画的处理也完全使用影片剪辑实例，因此，元件制作是Flash动画学习内容的重要知识点之一。

5.1.1 元件与实例

1. 元件的概念

元件是指创建一次即可多次重复使用的图形、按钮、影片剪辑或文本，如图5-1所示。

Flash将创建的元件添加到库中。场景中所选定的图形对象此时就变成了该元件的一个实例。创建元件后，可以通过选择菜单"编辑"/"编辑元件"命令，在元件编辑模式下编辑该元件；也可以通过选择菜单"编辑"/"在当前位置编辑"命令或双击该元件，在场景中的上下文中编辑该元件。

2. 实例的概念

实例是指位于场景中或嵌套在另一个元件内的元件副本，如图5-2所示。

图5-1　元件库

图5-2　场景中的实例与库中的元件

实例可以与它的元件在颜色、大小和功能上有差别。编辑元件会更新它的所有实例。另外，可以用一个元件同时创建多个实例，并且它们都有自己各自的属性。在"属性"面板中，可以为实例指定色彩效果、分配动作、设置图形显示模式或更改行为，所做的任何更改都只影响实例而不影响元件。

创建元件之后，可以在文档中任何地方（包括在其他元件内）创建该元件的实例。当修改元件时，Flash会更新元件的所有实例。也可以在"属性"面板中为实例提供名称，并在代码片段中使用实例名称来引用实例。

5.1.2　元件的类型

元件分为5种类型：图形元件、影片剪辑元件、按钮元件、位图元件和声音元件，如图5-3所示。

除位图元件和声音元件外，其他每个元件都有一个唯一的时间轴和场景以及几个图层。可以将帧、关键帧和图层添加至元件时间轴，就像可以将它们添加至场景中的主时间轴一样。

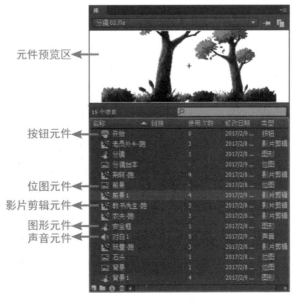

图5-3　元件类型

5.1.3 创建元件

元件主要有以下几种方式进行创建。

- 选择菜单"插入"/"新建元件"命令，或按Ctrl+F8键。
- 单击"库"面板左下角的"新建元件"按钮 。
- 选择菜单"窗口"/"库"命令，打开"库"面板，单击面板右上角的"库面板菜单"按钮 ，选择"新建元件"命令。
- 先在场景中绘制图形对象，选择图形对象，按F8键，将图形对象转换为元件。

以上几种方式都会打开"创建新元件"对话框，在"名称"文本框中输入名称，在"类型"下拉菜单中选择需要建立的元件类型，如图5-4所示。

图5-4 "创建新元件"对话框

1. 创建图形元件

图形元件由静态图形构成，并可用来创建连接到主时间轴的可重复使用的图形对象。

■ 教学案例：创建图形元件 ────────

01 选择菜单"插入"/"新建元件"命令，打开"新建元件"对话框并输入名称，选择元件类型为"图形"，并单击"确定"按钮进入元件编辑状态，如图5-5所示。

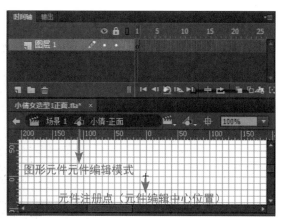

图5-5 图形元件编辑模式

02 绘制图形，如图5-6所示。

03 单击编辑栏中的"返回"按钮 ←，回到主场景"场景1"编辑状态，完成图形元件的建立。

04 选择菜单"窗口"/"库"命令，或按Ctrl+L键，打开"库"面板查看新创建的图形元件，如图5-7所示。

图5-6 绘制图形元件

图5-7 新创建的图形元件

2. 创建影片剪辑元件

影片剪辑元件是一个简短的Flash动画，它是组成Flash动画的主体部分，是可以重复使用的动画片段。在编辑Flash动画过程中可以随时调动与使用，也可以在按钮元件中添加、使用。影片剪辑元件拥有独立于主时间轴的多帧时间轴。可以将多帧时间轴看作嵌套在场景的时间轴内，它们可以包含交互式控件、声音甚至其他影片剪辑实例。也可以将影片剪辑实例放在按钮元件的时间轴内，以创建动画按钮。此外，可以使用ActionScript对影片剪辑进行改编。

■ 教学案例：创建影片剪辑元件

01 选择菜单"插入"/"新建元件"命令，或按Ctrl+F8键，打开"创建新元件"对话框。

02 输入元件的名称，并选择"类型"为"影片剪辑"，并单击"确定"按钮，如图5-8所示。

03 在影片剪辑编辑模式下进行Flash动画编辑，逐帧绘制原画，如图5-9所示。

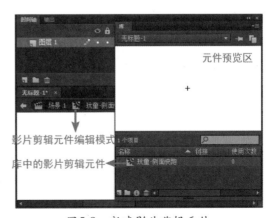

图5-8 新建影片剪辑元件

04 单击"返回"按钮 ，返回主场景完成编辑。

05 单击"库"面板/元件预览窗口中的影片剪辑"预览播放"按钮观察影片剪辑效果；单击"停止"按钮停止预览。

图5-9　绘制帧动画

3. 创建按钮元件

按钮元件实际上是四帧的交互影片剪辑。当创建按钮元件时，Flash会创建一个包含四帧的时间轴，如图5-10所示。

前3帧显示按钮的3种可能状态，第4帧定义按钮的活动区域。时间轴实际上并不播放，它只是对指针的运动和动作做出反应，跳转到相应的帧。如果利用Action脚本制作一个交互式按钮，可把按钮元件的一个实例放在场景中，然后给实例指定动作，并且必须将动作分配给文档中按钮的实例，而不是分配给按钮时间轴中的帧。使用影片剪辑创建按钮时，可以添加更多的帧到按钮或添加更加复杂的动画。

按钮元件时间轴上的每一帧都有一项特定的功能。

图5-10　按钮元件编辑模式

- 第1帧是"弹起"状态，代表鼠标指针没有经过按钮时该按钮的状态。
- 第2帧是"指针经过"状态，代表指针滑过按钮时该按钮的外观。
- 第3帧是"按下"状态，代表单击按钮时该按钮的外观。
- 第4帧是"点击"状态，定义响应鼠标单击的区域。此区域在SWF文件中是不可见的。

■ 教学案例：创建按钮元件

01 选择菜单"插入"/"新建元件"命令，或按 Ctrl+F8键，打开"创建新元件"对话框，输入名称，选择"类型"为"按钮"，如图5-11所示。

图5-11　"创建新元件"对话框

02 单击"确定"按钮，进入Play按钮编辑模式，用鼠标单击"弹起"，在帧场景内绘制按钮图形，如图5-12所示。

03 单击"指针经过"帧，按F6键插入关键帧，并在帧场景中更改绘制的图形对象，如图5-13所示。

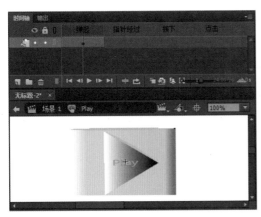

图5-12　绘制弹起图形

图5-13　绘制指针经过图形

04 重复以上操作，分别在"按下""弹起"帧中更改图形对象，如图5-14所示。"点击"帧在场景中是不可见的，但它定义了鼠标单击按钮的响应区域。"点击"帧的图形必须是一个实心区域，它的大小足以包含"弹起""按下"和"指针经过"帧的所有图形对象，也可以比可见按钮大。如果没有指定"点击"帧，"弹起"状态的图像会被用作"点击"帧的响应区域。

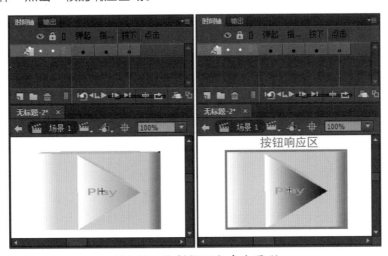

图5-14　绘制按下与点击图形

05 编辑完成，单击"返回"按钮 ← ，返回主场景。

06 选择菜单"窗口"/"库"命令，或按Ctrl+L键，打开"库"面板，将"按钮元件" 拖放到场景中创建按钮实例，如图5-15所示。

图5-15　在场景中创建按钮实例

07　选择菜单"控制"/"启用简单按钮"命令，将鼠标指针滑过或单击按钮对其进行测试。

08　选择菜单"文件"/"保存"命令，或按Ctrl+S键，打开"另存为"对话框，命名、保存文件。

5.2　Flash动画基本形式

5.2.1　帧动画

帧动画和传统的动画制作方式相同，是根据播放速度、节奏在帧上绘制原画、中间画，实现传统动画拍摄的一帧一拍、两帧一拍、多帧一拍进行播放的过程。

■ **教学案例：帧动画**

01　新建一个Flash文档。

02　逐帧绘制图形对象。

03　单击"时间轴"面板上的"编辑多个帧"按钮，并调整"绘图纸外观标记"，将所有帧标记在内，查看所绘制的图形对象，如图5-16所示。

04　使用"选择工具"调整图形对象的位置关系，如图5-17所示。

05　逐帧按F5键插入帧以延长各帧在时间轴的播放时间，调整动作节奏，如图5-18所示。

06　选择菜单"控制"/"播放"命令，或按Enter键，播放影片观察效果，如图5-19所示。

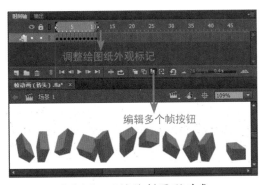

图5-16　逐帧绘制图形对象

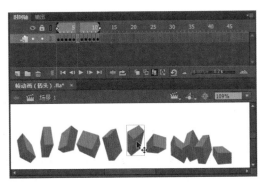

图5-17　调整位置关系

图5-18　调整播放节奏和时间

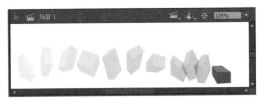

图5-19　按Enter键播放影片

■ 教学案例：GIF位图文件在帧动画中的导入

01 新建一个Flash文档。

02 选择菜单"文件"/"导入"/"导入到舞台"命令，或按Ctrl+R键，打开"导入"对话框，选择文件类型为"GIF图像"，选择保存路径找到需要导入的GIF文件，单击"确定"按钮，将位图导入当前场景，如图5-20所示。

03 单击"时间轴"面板上的"编辑多个帧"按钮 🖸，再单击"修改标记"按钮 🖸，按Ctrl+A键，将所有帧中的位图实例选中。

04 单击"工具箱"面板上的"任意变形工具"，按下Shift键，将所选图形实例等比例缩小，如图5-21所示。

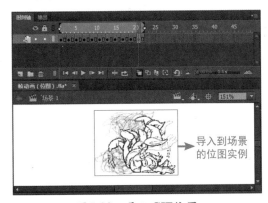

图5-20　导入GIF位图

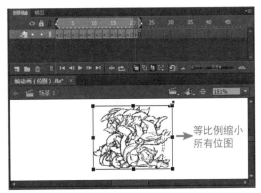

图5-21　调整所有位图大小比例

05 单击"工具箱"面板中的"选择工具"，逐帧调整位图实例在场景中的位置，如

图5-22所示。

06 按F5键插入帧，调整动作时间、节奏，如图5-23所示。

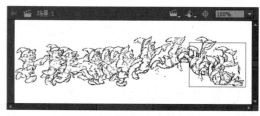
图5-22　调整动作结构

图5-23　调整动作时间

07 按Enter键播放影片，如图5-24所示。

图5-24　播放效果

5.2.2　补间动画

Flash的补间动画表现形式与传统动画的两张原画之间的中间画绘制一样，是在两个关键帧之间由计算机完成中间画的过程。其功能是在一个特定关键帧定义一个实例、组或文本块的位置、大小和旋转等属性，然后在另一个特定关键帧更改这些属性，在执行这个操作后，Flash会自动计算出两个关键帧之间的运动变化过程，从而产生沿着直线路径的补间动画。

■ 教学案例：垂直跳动的球体

01 新建一个Flash文档。

02 选择"工具箱"面板上的"椭圆工具"，单击"工具箱"面板上的"笔触颜色" ，打开色板，选择无色按钮，如图5-25所示。

03 按下Shift键，在场景中绘制一个正圆。

04 选择菜单"窗口"/"颜色"命令，打开"颜色"面板，设置填充"颜色类型"为"径向渐变"，并调整颜色指针，选择"工具箱"面板上的"颜料桶工具"，为绘制的圆形填充颜色，如图5-26所示。

05 单击"工具箱"面板上的"选择工具"，单击选择绘制的图形对象，按F8键打开"转换为元件"对话框，并输入名称，选择元件类型为"图形"，勾选"注册点"居中，单击"确定"按钮，将图形对象转换为元件实例，如图5-27所示。

06 选择菜单"修改"/"文档"命令，或按Ctrl+J键，打开"文档设置"对话框，设置"背景颜色"为黑色，单击"确定"按钮，将场景背景色设置为黑色。

07 单击"工具箱"面板上的"矩形工具"，在场景中绘制一个长方形，如图5-28所示。

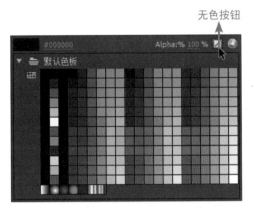

图5-25 在色板中选择无笔触颜色

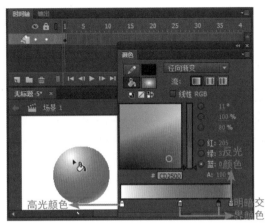

图5-26 绘制图形并填充颜色

图5-27 转换图形对象为元件实例

图5-28 绘制长方形

08 选择"工具箱"面板上的"任意变形工具"，单击场景中新绘制的图形对象，选择"工具箱"面板上工具选项中的"扭曲"选项按钮，按下Shift键，调整图形对象，如图5-29所示。

图5-29 扭曲并调整图形对象

09 选择菜单"窗口"/"颜色"命令，打开"颜色"面板，设置填充"颜色类型"为"线性渐变"，并调整颜色指针颜色，选择"工具箱"面板上的"颜料桶工具"，为绘制的图形填充颜色，如图5-30所示。

10 切换为"选择工具"，选择图形对象，按住Ctrl键拖动，复制一个图形对象，与原图进行排列，并填充下方图形对象的颜色为"径向渐变"，如图5-31所示。

[11] 删除场景中的球体元件实例，双击"图层1"，更改名称为"背景"，并单击"锁定图层"按钮🔒，将背景层锁定。

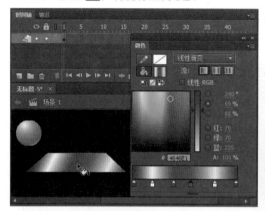

图5-30　为图形对象填充线性渐变颜色

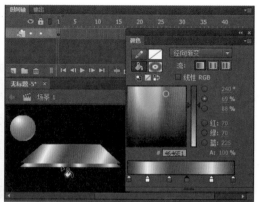

图5-31　为图形对象填充径向渐变颜色

[12] 单击两次"时间轴"面板中的"新建图层"按钮🔲，插入两个新图层，并重新命名，如图5-32所示。

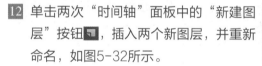

图5-32　新建图层并命名

[13] 单击"投影"层第1帧，按Ctrl键打开"库"面板，将建立的球体元件拖放到场景中相应的位置，选择"工具箱"面板中的"任意变形工具"，调整图形对象的形状，如图5-33所示。

[14] 选择菜单"窗口"/"属性"命令，打开"属性"面板，在"色彩效果"选项组中，设置"样式"为Alpha，输入值为30%，设置透明度，如图5-34所示。

图5-33　调整投影图形对象

图5-34　设置投影透明度

[15] 单击"球体"层第1帧，将"库"面板中的元件拖放到场景相应位置并调整大小，如图5-35所示。

[16] 单击选择"背景"层第30帧，按F5键插入帧；选择"球体""投影"层第15帧，按

F6键插入关键帧；选择"球体""投影"层第30帧，按F6键插入关键帧，如图5-36所示。

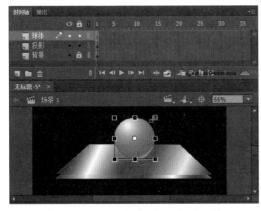

图5-35 调用库中的元件到场景

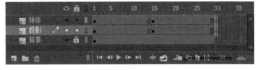

图5-36 插入帧和关键帧

17 单击"球体"层第15帧，调整场景中球体实例的位置；单击"投影"层，调整球体实例的大小，如图5-37所示。

18 右键单击"球体"层第1帧，选择快捷菜单中的"创建传统补间"命令，创建补间动画。在第15帧执行相同命令；"投影"层也执行以上操作过程，如图5-38所示。

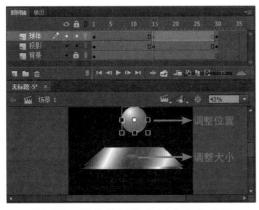

图5-37 调整第15帧实例大小和位置

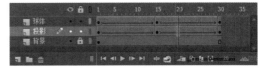

图5-38 创建补间动画

19 按Enter键播放，查看播放效果，如图5-39所示。

20 单击"球体"层第1帧，选择菜单"窗口"/"属性"命令，打开"属性"面板，选择"补间"选项，将"缓动"设置为100，使球体上升过程形成由快到慢的速度效果；单击第15帧，设置"缓动"值为-100，使球体下降过程形成由慢到快的速度效果，如图5-40所示。

21 同以上方法设置"投影"层第1帧和第15帧，使速度效果和"球体"层同步。

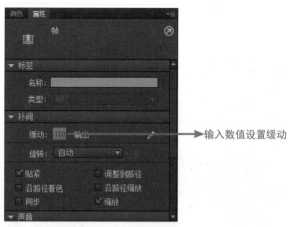

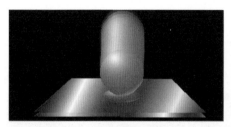

图5-39　查看播放动效果　　　　　　图5-40　设置帧的"属性"面板

→ 输入数值设置缓动

22 选择菜单"控制"/"测试影片"命令，或按Ctrl+Enter键，测试影片，如图5-41
所示。

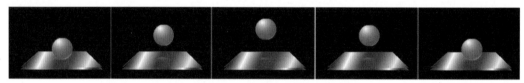

图5-41　播放器测试影片

通过以上教学案例了解到，Flash的补间动画可以使元件实例产生位置的变化、大小
形状的变化以及色彩的变化。因此，可以根据Flash补间动画的基本功能，在实际Flash
动画制作过程中加以拓展、运用。

5.2.3　补间形状动画

补间形状动画能够表达出补间动画的所有表现，但实现补间形状动画的对象和补间
动画有着本质的区别，是在一个特定关键帧绘制一个形状，然后在另一个特定关键帧更
改该形状或绘制另一个形状，Flash会计算两个关键帧之间的帧值或形状来创建动画。如
果要对组、实例或位图图像应用形状补间，必须打散这些元素，如果要对文本字符串应
用形状补间，需要将文本打散两次，从而将文本转换为可编辑的图形对象。

1. 创建补间形状动画

■ 教学案例：长方形渐变为圆球 ————————————————————————————

01 新建一个文档。

02 选择"工具箱"面板中的"矩形工具"，在场景中绘制一个长方形。

03 选择菜单"窗口"/"颜色"命令，设置填充颜色类型为"线性渐变"，设置指针颜色,并利用"颜料桶工具"填充颜色。

04 单击"帧"面板中的第30帧,按F7键插入空白关键帧;选择"工具箱"面板中的"椭圆工具",按下Shift键,在第30帧场景中绘制一个正圆,并重新填充颜色,如图5-42所示。

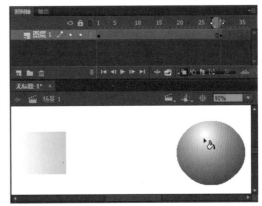

图5-42 绘制图形

05 右键单击第1帧,在弹出的快捷菜单中选择"创建补间形状"命令,创建第1帧至第30帧的补间形状动画,如图5-43所示。

06 按Enter键,播放影片,如图5-44所示。

图5-43 时间轴创建补间形状

图5-44 播放效果

从上述案例可以看出,补间形状动画能够实现位移、大小、形状、色彩的动画过程。

2. 应用补间形状动画

■ 教学案例:圣诞节礼花

01 新建一个文档。

02 选择菜单"文件"/"导入"/"导入到舞台"命令,导入一个背景图片,如图5-45所示。

03 使用"选择工具"选择位图实例,选择菜单"窗口"/"属性"命令,打开"属性"面板,如图5-46所示。

图5-45 导入的位图

图5-46 位图实例"属性"面板

04 将宽、高设置为场景大小（默认550×400像素），设置位图实例宽、高与场景大小一致。

05 按Ctrl+K键，打开"对齐"面板，勾选"与舞台对齐"复选框，分别单击"垂直中齐" ![按钮]与"水平中齐" ![按钮]按钮，将位图实例与场景对齐。

06 双击"图层1"名称，重新命名为"背景"，并单击"锁定所有图层"按钮![锁定]，将当前图层锁定。

07 单击"时间轴"面板上的"新建图层"按钮![按钮]，新建一个图层并重新命名为"烟花"。

08 选择菜单"窗口"/"颜色"命令，设置填充颜色类型为"径向渐变"，并设置颜色指针填充颜色和透明度，如图5-47所示。

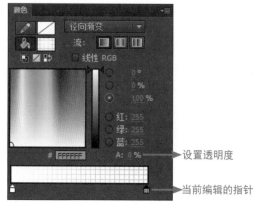

图5-47　设置画笔颜色

09 选择"刷子工具"，在该工具选项中设置画笔形状和画笔大小，如图5-48所示。

10 在"烟花"层场景中单击绘制一个圆点，如图5-49所示。

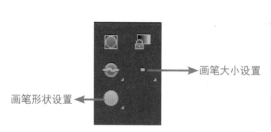

图5-48　刷子工具选项

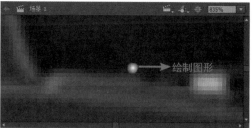

图5-49　第1帧绘制的图形对象

11 单击"烟花"层第20帧，按F6键插入关键帧，单击"背景"层第20帧，按F5键插入帧。

12 选择"任意变形工具"，调整"烟花"层第20帧场景中的图形对象，并使用"颜料桶工具"重新填充颜色，如图5-50所示。

13 单击"烟花"层第21帧，按F7键插入空白关键帧，并单击"绘图纸外观"按钮![按钮]，在第20帧图形对象顶端利用"刷子工具"绘制一个圆点，如图5-51所示。

图5-50　调整位置、形状并填充颜色

14 单击"烟花"层第60帧，按F7键插入空白关键帧；单击"背景"层，按F5键插入帧。

15 改变笔触的大小，在"烟花"层第60帧场景中绘制礼花绽放的图形对象，如图5-52所示。

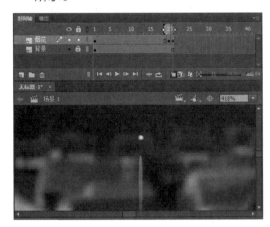

图5-51　第21帧绘制图形对象

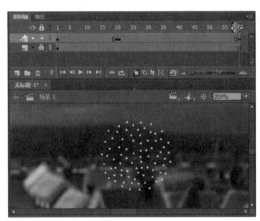

图5-52　绘制礼花绽放

16 单击"烟花"层第80帧，按F6键插入关键帧；单击"背景"层，按F5键插入帧。

17 选择"烟花"层第80帧场景中的图形对象，打开"颜色"面板，将两个指针的颜色都设置为透明。

18 用鼠标右键分别单击"烟花"层第1帧、第21帧、第60帧，在弹出的快捷菜单中选择"创建补间形状"命令，创建补间形状动画，如图5-53所示。

图5-53　创建补间形状动画

19 选择菜单"窗口"/"属性"命令，打开"属性"面板，分别选择"烟花"层第1帧、第21帧，设置缓动效果值为100，如图5-54所示。

20 按Enter键，查看播放效果，如图5-55所示。

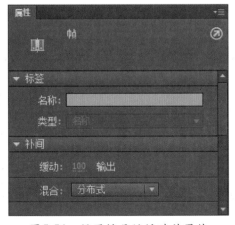

图5-54　设置帧属性缓动效果值

图5-55　查看播放效果

21 选择菜单"控制"/"测试影片"命令，或按Ctrl+Enter键测试影片，如图5-56
所示。

图5-56　影片测试效果

5.2.4　引导动画

引导动画也称作引导线动画，是使补间运动的实例、组、文本块沿指定的路径进
行运动的动画。主要是在图层中创建引导层来指定路径，引导层可以将多个图层链接
到一个引导层，使多个对象沿同一条路径运动。链接到引导层的普通层就成为被引
导层。

1. 创建引导层

■ 教学案例：创建引导动画

01 新建一个文档。

02 选择菜单"插入"/"新建元件"命令，或按Ctrl+F8键，打开"创建新元件"对话
框，输入名称，选择元件类型，如图5-57所示。

03 单击"确定"按钮，进入元件编辑状态。

04 选择菜单"窗口"/"颜色"命令，打开"颜色"面板设置填充颜色及类型，"笔触颜
色"设置为无。

05 选择"椭圆工具"，按住Shift键在场景中绘制圆，并利用"颜料桶工具"为球体填充
颜色，如图5-58所示。

图5-57　创建图形元件

图5-58　绘制圆形并填充

06 单击"返回"按钮 ← ，返回主场景"场景1"。

07 双击"时间轴"面板中的"图层1"，重新命名为"球体"；按Ctrl+L键，打开"库"面板，将元件拖放到场景中，如图5-59所示。

08 单击"帧"面板中的第30帧，按F6键插入关键帧，按住Shift键，用"选择工具"将场景中的"球体"实例向右平移。

09 右键单击第1帧，选择快捷菜单中的"创建传统补间"命令，创建补间动画，如图5-60所示。

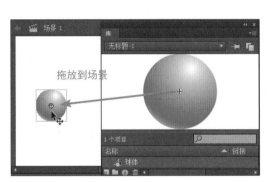

图5-59 创建场景实例

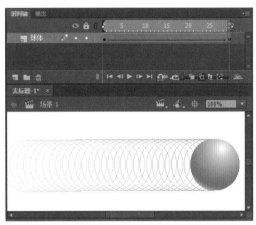

图5-60 创建补间动画

10 右键单击"球体"层，选择快捷菜单中的"添加传统运动引导层"命令，在"球体"层上方创建一个"引导层"，同时"球体"层向右缩进一个图标的位置，标示被引导，如图5-61所示。

11 选择"铅笔工具"，模式选择"平滑" S ；单击"时间轴"面板上的"绘图纸外观"按钮 。

12 单击"引导层"第1帧，在场景中绘制出球体运动的路径，如图5-62所示。

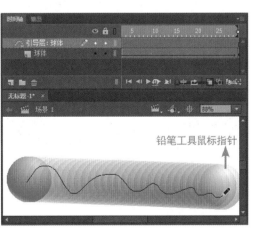

铅笔工具鼠标指针

图5-61 创建引导层

图5-62 创建引导动画

13 利用"选择工具"将第1关键帧和第30关键帧舞台中的球体实例中心点对齐引导线的起点和终点，如图5-63所示。

14 按Enter键，查看播放效果。

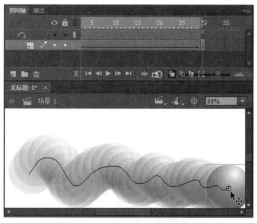

图5-63　中心点对齐起点和终点

2. 应用引导层

■ **教学案例：落叶**——

01 新建文档。

02 单击"时间轴"面板上的"新建图层"按钮■，新建一个图层并将两个图层分别命名，如图5-64所示。

03 单击"树叶"层第1帧，在场景中绘制图形对象，如图5-65所示。

图5-64　导入背景并建立"树叶"层

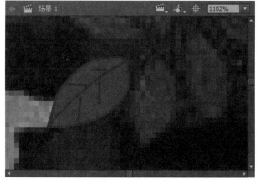

图5-65　绘制图形

04 单击"树叶"层第1帧，按F8键将绘制的图形对象转换为"树叶"图形元件实例，并利用"任意变形工具"将中心点与注册点对齐，如图5-66所示。

05 选择"背景"层第90帧，按F5键插入帧；选择"树叶"层第90帧，按F6键插入关键帧。

06 将"树叶"层第90帧场景中的"树叶"实例拖放到相应的位置，选择"任意变形工具"调整实例对象形状，并创建第1帧至90帧的补间动画，如图5-67所示。

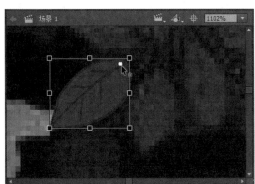

图5-66　创建树叶元件实例

图5-67　创建补间

07 右键单击"树叶"层，选择快捷菜单中的"创建传统运动引导层"命令，创建"树叶"层的引导层，如图5-68所示。

08 单击"引导层"第1帧，选择"铅笔工具"，绘制树叶飘落的运动路径，并将"树叶"层第1帧和第90帧中的树叶实例中心点对齐引导线的起点和终点，如图5-69所示。

图5-68　创建引导层

图5-69　绘制引导路径

09 单击"树叶"层第1帧，按Ctrl+F3键，打开帧"属性"面板，设置帧属性，如图5-70所示。

图5-70　设置帧属性

10 选择菜单"控制"/"测试影片"命令，或按Ctrl+Enter键测试影片，如图5-71所示。

图5-71　测试影片

5.2.5　遮罩动画

在制作Flash动画过程中，遮罩动画可以用来实现转场、过渡效果，以及聚光特效、文字特效、背景特效等。实现这些效果的方式是建立图层的遮罩层。遮罩层可以是填充的形状、文字对象、图形元件的实例或影片剪辑，可以使用补间形状和补间动画。创建的遮罩层位于被遮罩层上方，同时将多个图层组织在一个遮罩层下可创建复杂的效果。遮罩层就像一个窗口一样，透过它创建的形状可以看到位于它下面的链接层区域。除了透过遮罩层中显示的内容之外，被遮罩层其余的所有内容都被遮罩层的其余部分隐藏起来。一个遮罩层只能包含一个遮罩项目。遮罩层不能在按钮内部，也不能将一个遮罩应用于另一个遮罩。

1. 创建遮罩层

■ 教学案例：遮罩层的建立

01 新建文档。

02 选择菜单"修改"/"文档"命令，或按Ctrl+J键，打开"文档设置"对话框，将背景颜色设置为黑色，单击"确定"按钮。

03 在主场景中导入一张位图，设置大小与场景大小一致，按F8键将位图实例转换为"背景"图形实例，并将图层命名为"背景"，如图5-72所示。

04 单击"时间轴"面板上的"新建图层"按钮，新建一个图层，重新命名为"圆"。

05 在"圆"层建立一个圆形实例的补间形状动画，如图5-73所示。

图5-72　导入背景图像

图5-73　创建补间形状动画

06 右键单击"圆"层，选择快捷菜单中的"遮罩层"命令，建立遮罩层，被遮罩层向右缩进一个图标，同时将遮罩层和被遮罩层锁定，如图5-74所示。

07 按Enter键，查看效果。

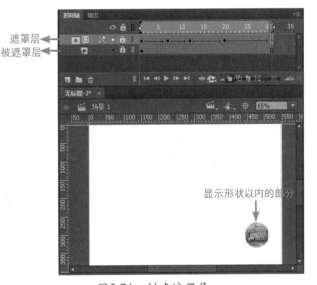

图5-74　创建遮罩层

2. 遮罩动画应用

教学案例：隐形人

01 新建文档。

02 导入位图到场景，按Ctrl+F3键，打开"属性"面板，调整图形大小与场景大小使其一致；按Ctrl+K键打开"对齐"面板，勾选"与舞台对齐"复选框，单击"垂直中齐"与"水平中齐"按钮，对齐场景。

03 按F8键，打开"转换为元件"对话框，输入名称，将位图实例转换为图形元件实例，如图5-75所示。

04 将图层重新命名为"背景1"。

05 右键单击场景中的背景实例，在快捷菜单中选择"复制"命令。

06 单击"时间轴"面板上的"新建图层"按钮🔲，新建一个图层，重新命名为"背景2"。

07 单击"背景2"层第1帧，在场景空白地方单击右键，在弹出的快捷菜单中选择"粘贴到当前位置"命令，在复制内容的相同位置进行粘贴。

08 单击"背景2"图层后的"显示/隐藏当前图层"按钮■，隐藏图层"背景2"。

09 单击场景中的图形实例，按Ctrl+F3键，打开"属性"面板，在"色彩效果"选项组中设置"样式"为"亮度"，并设置"亮度"值为-25%，如图5-76所示。

图5-75 转换为元件实例的背景图像

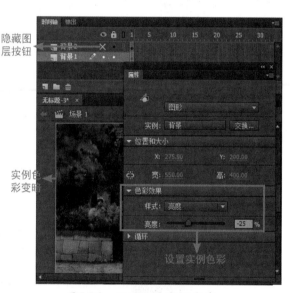

图5-76 设置元件实例亮度

10 单击"背景2"图层的"显示/隐藏当前图层"按钮✕，显示"背景2"图层。

11 单击"图层"面板中的"锁定所有图层"按钮🔒，将当前所有图层锁定。

12 选择菜单"插入"/"新建元件"命令，打开"创建新元件"对话框，创建一个影片剪辑元件，如图5-77所示。

13 单击"确定"按钮，进入影片剪辑编辑模式。

14 逐帧绘制玩童奔跑的原画中间画，如图5-78所示。

15 单击"返回"按钮←，返回主场景。

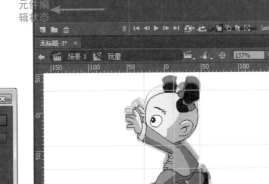

元件编
辑状态

图5-77　创建影片剪辑元件　　　　　图5-78　导入的序列位图

16 单击"时间轴"面板上的"新建图层"按钮□，新建一个图层，重新命名为"玩童"。

17 按Ctrl+L键打开"库"面板，将"玩童"影片剪辑元件拖放到场景中，如图5-79所示。

18 单击"玩童"图层"帧"面板上的第60帧，按F6键插入关键帧，将"造型"实例拖放到场景右侧，并创建第1帧至第60帧的补间动画；选择"背景1""背景2"图层第60帧，按F5键插入帧。

19 右键单击"人物"图层，在弹出的快捷菜单中选择"遮罩层"命令，创建图层"背景2"的遮罩层，如图5-80所示。

图5-79　拖放元件到场景中　　　　　图5-80　创建遮罩层

20 按Ctrl+Enter键，测试影片，如图5-81所示。

图5-81　测试影片效果

5.2.6　色彩混合动画

　　色彩混合动画多用于背景的处理，例如，转场使用蒙太奇的手法表现时间跨度（季节的变化、天空色彩的变化、光线的变化等）。使用Flash的色彩混合模式，可以创建复合图像。复合是改变两个或两个以上重叠对象的透明度或颜色相互关系的过程，混合效果不仅取决于要应用混合的对象的颜色，还取决于基础颜色。

　　混合模式只能混合重叠影片剪辑实例或按钮实例的颜色，可以通过"属性"面板更改所有类型元件的实例属性，将其更改为影片剪辑实例，从而创造独特的效果。色彩混合模式菜单，可以在实例"属性"面板中调出，如图5-82所示。

图5-82　色彩混合模式下拉菜单

1. 色彩混合菜单功能

- "一般"：正常应用颜色，不与基准颜色发生交互，如图5-83所示。
- "图层"：可以层叠各个影片剪辑，而不影响其颜色，如图5-84所示。

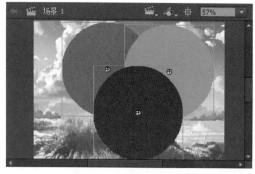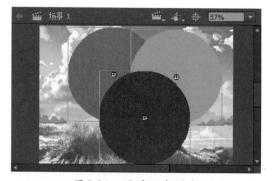

图5-83　一般混合模式　　　　　图5-84　图层混合模式

- "变暗"：只替换比混合颜色亮的区域，比混合颜色暗的区域将保持不变，如图5-85所示。

● "正片叠底"：将基准颜色与混合颜色复合，从而产生较暗的颜色，如图5-86 所示。

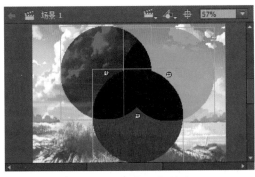

图5-85 变暗混合模式

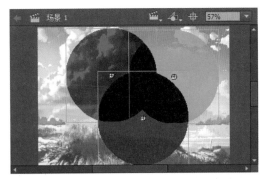

图5-86 正片叠底混合模式

● "变亮"：只替换比混合颜色暗的像素，比混合颜色亮的区域将保持不变，如图 5-87所示。

● "滤色"：混合颜色的反色与基准颜色复合，从而产生漂白效果，如图5-88所示。

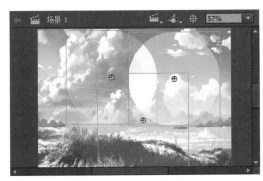

图5-87 变亮混合模式

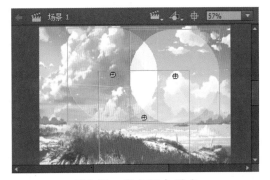

图5-88 滤色混合模式

● "叠加"：复合或过滤颜色，具体操作需取决于基准颜色，如图5-89所示。

● "强光"：复合或过滤颜色，具体操作需取决于混合模式颜色，效果类似于用点光 源照射对象，如图5-90所示。

图5-89 叠加混合模式

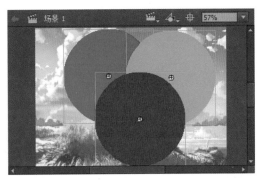

图5-90 强光混合模式

- **"增加"（加色）**：通常用于在两个图像之间创建动画的变亮分解效果，如图5-91所示。
- **"减去"**：通常用于在两个图像之间创建动画的变暗分解效果，如图5-92所示。

图5-91　增加混合模式

图5-92　减去混合模式

- **"差值"**：从基色减去混合色或从混合色减去基色，具体取决于哪一种的亮度值较大。效果类似于彩色底片，如图5-93所示。
- **"反相"**：反转基准颜色，如图5-94所示。

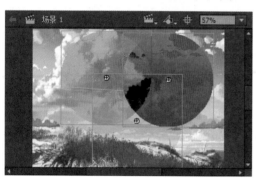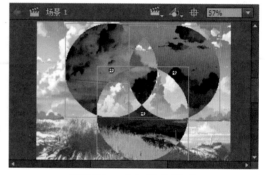

图5-93　差值混合模式

图5-94　反相混合模式

- **"Alpha"**：应用 Alpha 遮罩层，如图5-95所示。
- **"擦除"**：删除所有基准颜色像素，包括背景图像中的基准颜色像素，如图5-96所示。

图5-95　Alpha混合模式

图5-96　擦除混合模式

"擦除"和"Alpha"混合模式，要求将图层混合模式应用于父级影片剪辑，不能将背景剪辑更改为"擦除"并应用它，因为该对象将是不可见的。

2. 混合模式应用

■ 教学案例：麦田时空—————————————————————○

01 新建文档。

02 导入背景图片并调整大小与场景大小一致，将图层重新命名并锁定，如图5-97所示。

03 单击"时间轴"面板中的"新建图层"按钮🖹插入新图层，重新命名为"色彩"。

04 选择菜单"窗口"/"颜色"命令，打开"颜色"面板，设置"笔触颜色"为"无"、"填充颜色"为"纯色"，并选择颜色，如图5-98所示。

图5-97 导入背景

图5-98 设置填充色

05 单击"色彩"图层第1帧，利用"椭圆工具"和"刷子工具"在场景中绘制麦田轮廓，如图5-99所示。

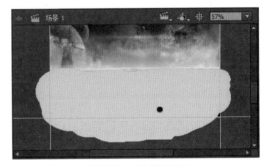

图5-99 绘制图形

06 选择"任意变形工具"，单击场景中的影片剪辑实例，将中心点移动至场景外左下角，如图5-100所示。

07 选择菜单"窗口"/"属性"命令，打开影片剪辑实例"属性"面板，设置混合选项为"叠加"，如图5-101所示。

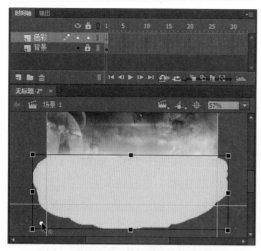

图5-100 移动中心点

图5-101 设置混合为"叠加"

08 单击"色彩"图层第100帧，按F6键插入关键帧，单击"背景"层第100帧，按F5键插入帧。

09 单击"色彩"图层第1帧，将场景中影片剪辑实例缩小，如图5-102所示。

10 右键单击"色彩"图层第1帧，选择快捷菜单中的"创建传统补间"命令，创建补间动画。

11 选择菜单"窗口"/"属性"命令，打开"属性"面板，设置缓动值为100。

图5-102 调整实例大小

12 按Ctrl+Enter键，测试影片，如图5-103所示。

图5-103 影片测试效果

第6章

声音与视频操作

- 声音的应用
- 导出视频文件

6.1 声音的应用

Flash支持多种声音的导入。可以使声音独立于时间轴连续播放，或通过时间轴将动画与音轨保持同步；向按钮添加声音可以使按钮具有更强的互动性；通过声音淡入淡出还可以使音轨更加优美；使用共享库中的声音可以从一个库中把声音链接到多个影片中，还可以在声音对象中使用声音，通过ActionScript控制音效的回放。

6.1.1 声音的音频与类型

1. 声音的音频

声音要使用大量的磁盘空间和内存。MP3声音数据经过了压缩，比WAV声音数据小。通常使用WAV文件时，最好使用16~22kHz单声（立体声使用的数据量是单声的两倍），Flash可以导入采样比率为11kHz、22kHz或44kHz的8位或16位的声音。当将声音导入Flash时，如果声音的记录格式不是11kHz的倍数（例如8、32或96kHz），将会重新采样。在导出时，Flash会把声音转换成采样比率较低的声音。如果要向Flash中添加声音效果，最好导入16位声音使用短的声音剪辑。

2. 声音的类型

Flash中有两种声音类型：事件声音和音频流。事件声音必须完全下载后才能开始播放，除非明确停止，否则它将一直连续播放。音频流在前几帧下载了足够的数据后就开始播放；音频流要与时间轴同步以便在Flash动画中进行口型对位和在网站上播放。

6.1.2 导入音频文件

Flash将导入的音频保存在库中，单击"库"面板中的"播放"按钮 ▶，可以播放导入的声音，导入的音频文件可以在文档中以多种方式使用这个声音。

1. 导入到库

■ 教学案例：导入声音 ————————————————

01 选择菜单"文件"/"导入"/"导入到库"命令，打开"导入"对话框，如图6-1所示。

02 选择"文件类型"为"所有可打开的格式"，单击需要导入的WAV声音文件。

03 单击"确定"按钮，将声音文件导入到"库"面板中，如图6-2所示。

图6-1　"导入"对话框

图6-2　导入库中的WAV文件

2. 声音文件格式

- **WAV格式：**这是微软公司开发的一种声音文件格式，也叫波形声音文件，是最早的数字音频格式，被Windows平台及其应用程序广泛支持。WAV格式支持许多压缩算法，支持多种音频位数、采样频率和声道，采用44.1kHz的采样频率，16位量化位数，因此WAV的音质与CD相差无几，但WAV格式对存储空间需求较大。

- **MP3格式：**全称是Moving Picture Experts Group Audio Layer III，这是比较流行的一种数字音频编码和有损压缩格式，它设计用来大幅度地降低音频数据量。相同长度的音乐文件，用MP3格式来储存，一般只有WAV文件的1/10，而音质要次于CD格式或WAV格式的声音文件。

6.1.3　添加声音

1. 按钮添加声音

可以根据按钮的不同状态，为按钮元件加入不同的声音。

■ 教学案例：为按钮添加声音

01 打开一个文档，导入用于按钮的WAV声音文件。

02 按Ctrl+L键，打开"库"面板，并在"库"面板中选择已经创建的按钮，如图6-3所示。

03 双击选择的按钮元件图标，进入按钮元件编辑模式，如图6-4所示。

04 单击"时间轴"面板上的"新建图层"按钮，新建一个图层并重新命名为"声音"，如图6-5所示。

05 分别单击"声音"图层中的"指针经过"帧和"按下"帧，按F6键插入关键帧，如图6-6所示。

图6-3　选择按钮元件

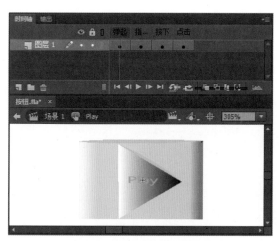

图6-4　按钮元件编辑模式

图6-5　新建图层并重新命名

图6-6　插入关键帧

06 单击"指针经过"帧，选择菜单"窗口"/"属性"/"属性"命令，打开"属性"面板，在"名称"下拉菜单中选择一个声音文件，并在"同步"下拉菜单中选择"事件"，如图6-7所示。

07 在"指针经过"帧中插入一个声音的波形符号，如图6-8所示。

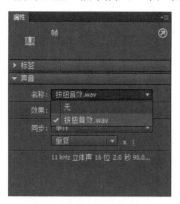

图6-7　帧"属性"面板

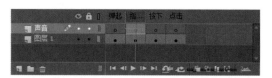

图6-8　指针经过帧插入声音波形标记

08 单击编辑栏上的"返回"按钮，返回主场景。

09 单击"图层1"第1帧，按Ctrl+L键打开"库"面板，将按钮元件拖放到场景中。

10 按Ctrl+Enter键，测试影片。

2. 时间轴添加声音

可以把多个声音放在一个图层上，或放在包含其他对象的多个图层上。实际操作中，建议将每个声音放在一个独立的图层上，使每个图层都作为一个独立的声道，在播放SWF文件时会混合所有图层上的声音。也可以在后期制作中利用其他软件将所有声音剪辑成一个单独的声音文件导入Flash，或用视频剪辑软件编辑合成视频和音频。

■ 教学案例：为角色配音

01 打开文档，如图6-9所示。

02 导入声音文件到"库"面板中。

03 单击"时间轴"面板上的"新建图层"按钮，添加新图层并命名为"对白"，如图6-10所示。

图6-9　打开文档

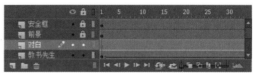

图6-10　新建声音图层

04 单击"对白"图层第1帧，按Ctrl+F3键，打开"属性"面板，为关键帧添加声音并进行同步设置，如图6-11所示。

05 声音文件添加到"时间轴"面板关键帧中，如图6-12所示。

图6-11　添加声音

图6-12　为关键帧添加声音

06 按Ctrl+Enter键，测试影片。

6.1.4 声音选项设置

1. 效果设置

在"属性"面板中包含对声音效果的默认设定和自定义选项，如图6-13所示。

可以根据需要选择下列效果之一。

- **"无"**：不对声音文件应用效果。选中此选项将删除以前应用的效果。
- **"左声道"** 或 **"右声道"**：只在左声道或右声道中播放声音。
- **"向右淡出"** 或 **"向左淡出"**：将声音从一个声道切换到另一个声道。
- **"淡入"**：随着声音的播放逐渐增加音量。
- **"淡出"**：随着声音的播放逐渐减小音量。
- **"自定义"**：允许使用"编辑封套"对话框，创建自定义的声音淡入和淡出点。

2. 同步选项设置

"属性"面板中"同步"选项的设置，如图6-14所示。

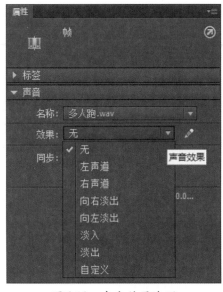

图6-13　声音效果选项

图6-14　设置同步选项

- **"事件"**：会将声音和一个事件的发生过程进行同步。事件声音（例如，单击按钮时播放的声音）在显示其起始关键帧时开始播放，并独立于时间轴完整播放，即使SWF文件停止播放也会继续。当播放发布的 SWF 文件时，事件声音会混合在一起。如果事件声音正在播放，而声音再次被实例化（例如，再次单击按钮），则第一个声音实例继续播放，另一个声音实例同时开始播放。

- **"开始"**：与"事件"选项的功能相近，但是如果声音已经在播放，则新声音实例就不会播放。
- **"停止"**：使指定的声音静音。
- **"数据流"**：将帧的播放与声音同步，以便在网站上播放。Flash会强制动画和音频流同步。如果Flash不能足够快地绘制动画的帧就跳过帧。与"事件"声音不同，"音频流"随着SWF文件的停止而停止。如果数据流的音频流过短，Flash将自动提高动画的播放速度以保证与声音同步。如果数据流过长，Flash将自动忽略播放动画时一些不重要的帧。

3. 重复设置

"属性"面板中"重复"选项的设置，如图6-15所示。

图6-15　重复选项设置

- **"重复"**：输入一个值，以指定声音循环的次数。
- **"循环"**：连续重复声音。不建议循环播放音频流，如果将音频流设为循环播放，帧就会添加到文件中，文件的大小就会根据声音循环播放的次数而倍增。

6.1.5　编辑声音

Flash可以定义声音的起始点，或在播放时控制声音的音量。还可以改变声音开始播放和停止播放的位置。这对于通过删除声音文件的无用部分来减小文件的大小是很有用的。

■ 教学案例：编辑声音

01 单击某个已经包含声音的关键帧。

02 选择菜单"窗口"/"属性"/"属性"命令，或按Ctrl+F3键，打开帧"属性"面板，如图6-16所示。

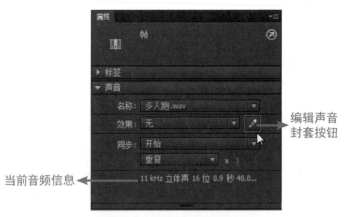

图6-16　帧"属性"面板

03 单击帧"属性"面板上的"编辑声音封套"按钮 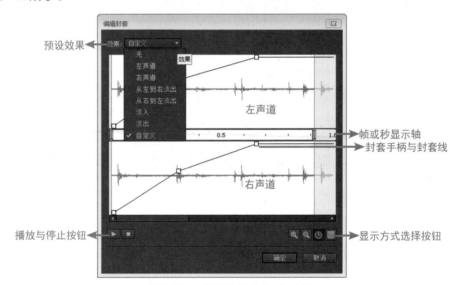，打开"编辑封套"对话框，如图
6-17所示。

图6-17　"编辑封套"对话框

04 编辑声音的方法如下。

- 拖动"编辑封套"对话框中的"开始播放"和"停止播放"控件，改变声音的起始
  点和终止点。
- 拖动封套手柄更改声音封套。封套线显示声音播放时的音量，单击封套线可以创建
  其他封套手柄（总共可达8个）。若要删除封套手柄，将其拖出窗口即可。
- 单击"放大" 或"缩小" 按钮，可以改变窗口中显示声音的多少。
- 单击"秒" 和"帧" 按钮，可以在"秒和帧单位显示"方式之间切换。
- 单击"播放" 和"停止" 按钮，可以随时监听和停止监听编辑的效果。

05 单击"确定"按钮完成编辑。

6.1.6　声音属性设置

通过"声音属性"对话框对声音进行压缩设置，如图6-18所示。

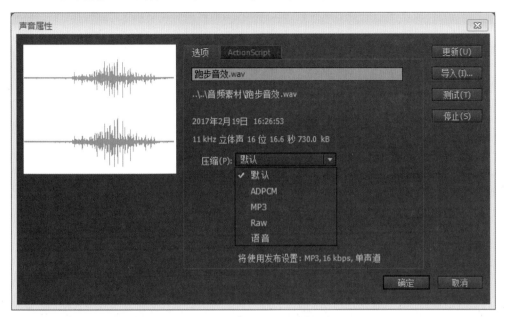

图6-18　"声音属性"对话框

每个库中的声音都可以选择"事件声音"的"压缩"选项，然后用这些设置导出声音。也可以给单个音频流选择"压缩"选项。文档中的所有音频流都将导出为单个的流文件，而且所用的设置是所有应用于单个音频流的设置中的最高级别，也包括视频对象中的音频流。打开库中声音的"属性"面板可以通过以下方式。

- 双击库中的 声音图标。
- 右键单击声音文件，从弹出的快捷菜单中选择"属性"命令。
- 单击面板右上角的"库面板菜单"按钮 ，在弹出的面板菜单中选择"属性"命令。
- 单击"库"面板底部的"属性"按钮 。

"压缩"功能选项如下。

- "默认"选项：该选项将使用"发布设置"对话框中的全局压缩设置。
- ADPCM 选项：压缩用于设置8位或16位声音数据的压缩。导出较短的事件声音（如单击按钮）时，可使用该压缩选项设置。
- MP3选项：压缩以MP3压缩格式导出声音。当导出较长的音频流时使用MP3选项；如果要导出一个以MP3格式导入的文件，导出时可以使用该文件导入时的相同设置。
- Raw选项：压缩导出声音时不进行声音压缩。
- "语音"选项：该选项采用适合于语音的压缩方式导出声音。

6.2 导出视频文件

Flash CC 2015可以导出两种视频文件：QuickTime（*.mov）影片和SWF影片。

▓ 教学案例：导出视频

01 打开已经制作完成的Flash文档，如图6-19所示。

02 选择菜单"文件"/"导出"/"导出视频"命令，或按Ctrl+Shift+Alt+S键，打开
"导出视频"对话框，选择文件保存路径、输入文件名称，默认导出文件类型为
QuickTime（*.mov）影片，如图6-20所示。

图6-19 打开Flash文档

图6-20 "导出视频"对话框

03 单击"导出"按钮，导出完毕。

04 找到影片存放的位置，并双击影片图标进行播放，如图6-21所示。

图6-21 在Quick Time中播放影片

第7章

Flash动画镜头理论

- 镜头的景别
- 推拉镜头
- 摇镜头和移镜头

7.1 镜头的景别

景别，是指场景中的主体角色和画面形象在场景框架结构中所呈现出的大小和范围。画面的景别越大，环境因素越多；景别越小，强调的因素越多。

景别一般分为远景、全景、中景、近景和特写，不同景别的画面将影响人的生理和心理，并产生不同的视觉投影和情感回应。

7.1.1 远景

远景是所有景别中视距最远、表现空间范围最大的一种景别，重在表现画面气势和总体效果。远景一般用于表现地理环境、自然风貌、战争场面、集会等大型场面的镜头画面。远景通常会作为影片的开头或结尾以及过渡镜头使用，或作为营造视觉奇观的表现手段，如图7-1所示。

图7-1　远景图像

7.1.2 全景

全景镜头主要是用来表现全身人像或场景全貌的镜头画面，同时要保留一定的环境范围和活动空间。全景侧重揭示画面内主体结构的特点和内在意义，表现角色与环境或者角色之间的关系。

全景在一组蒙太奇画面中，能够指示画面主体在特定空间内的具体位置，具备定位作用。可以通过环境空间的展示有效地烘托主体角色，还可以通过展现人物的形体动作刻画人物内心的情感变化，如图7-2所示。

图7-2　全景图像

7.1.3　中景

中景是指表现人物膝盖以上部分或场景局部的画面。突出表现情节环境气氛和人物之间的关系和心理活动，是影片中使用范围最广的景别。在一部Flash影片中，中景处理得是否得当，关系到该部Flash动画影片造型的成败。

中景给观众提供了指向性视点。它能够在一定时间内清楚地描述细节的变化，适于交代人物角色的位置、状态和周围环境之间的关系，传递角色的内心活动和情感的变化，如图7-3所示。

图7-3　中景图像

7.1.4　近景

近景是表现角色胸部以上或物体小块局部的画面。近景拉近了观众的眼睛和影片角色对象之间的距离，突出人物的表情和物体的质地，近景经常用来细致地表现人物的精神面貌和物体的主体特征，可以产生近距离的交流和亲切感，如7-4所示。

图7-4　近景图像

7.1.5 特写

特写是视距最近的画面，常用来表现人物肩部以上的头像或者某些角色对象的细部画面。它是影片刻画人物、描写细节的独特表现手段。在表现人物角色时，能够将观众的注意力集中在画面对象的细小动作和神态上，有助于把握人物个性，由表及里地窥视人物内心的世界。特写可以选择、放大细微的表情或细部特征，强化观众对细部的认识，以细部来寓意深层的含义，还可以把画内情绪推向画外，分割细部与整体，制造悬念，如图7-5所示。

图7-5　特写图像

7.2　推拉镜头

镜头技术是Flash动画制作的一种常用手段。一部Flash动画片的制成，首先是根据制作者把剧情分切成许多不同视距的Flash场景镜头（如：全景、中景、近景、特写等）进行逐个编辑、组合，最后组接而成的。根据剧情和艺术处理的要求，制作者又把每个不同视距的场景镜头分成固定地位及在运动中改变视距的两种处理方法。

7.2.1 传统动画推拉镜头的概念

- **推镜头**：摄影机与画面逐渐靠近，画面外框渐渐变小，画面内的景物逐渐放大，使观众的视线从整体看到某一局部。
- **拉镜头**：摄影机镜头与画面逐渐靠近，画面外框渐渐变大，画面内的景物逐渐缩小，使观众的视线从某一局部逐步扩大，看到景物的整体。
- **动画规格板**：是确定每一个动画镜头画面大小的主要依据。绘制拍摄动画镜头，都必须按照动画规格板上所标明的各种规格的标准大小，不能有所差错，如图7-6所示。

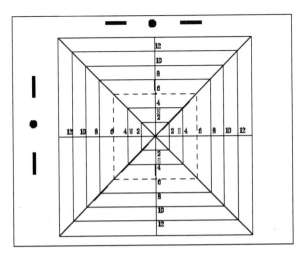

图7-6 动画规格板

7.2.2 Flash动画推拉场景镜头的实现

- **推镜头**：是指场景中的所有实例放大，场景变小，场景中的主要角色变大，所看到的画面由远及近，由全景看到局部。可以表现环境与角色、整体与局部之间的变化关系增强画面的逼真性和可信性，产生强烈的视觉前移感，实现明确的拍摄主体目标。另外，镜头的推进速度传达着不同的艺术效果，急推作为一种强调，意在强化环境空间中的主要角色；慢推则可以表现对人物内心世界的融合与渗透。

- **拉镜头**：是指场景中的所有实例缩小，场景变大，场景中的主要角色变小，形成渐行渐远的视觉画面。即背景空间拉向远方，视点远离场景中的主要角色，使观众产生距离感的心理反应。其主要表达主体角色和环境之间的关系，经常作为结束性的镜头或转场景镜头。

完整的推拉镜头包括起幅、推拉和落幅3个动作过程，都需要在时间轴上给予一定的运动时间。

7.2.3 中心规格推拉场景镜头的实现

按Flash场景的中心推近或拉远镜头被称为正规格推拉。在制作Flash影片使用推拉场景镜头时，推拉（大小变化）动画基本的时间为3秒。其中起幅1秒，推拉1~1.5秒，落幅0.5秒左右。

■ 教学案例：多图层中心规格推拉镜头时间轴编辑

01 新建一个Flash文档，设置场景为默认，帧频为24帧/秒。

02 利用标尺设置场景安全框，并选择菜单"视图"/"辅助线"/"编辑辅助线"命令，打开"辅助线"对话框，对辅助线进行设置，如图7-7所示。

03 在场景中编辑辅助线，设置安全框和中间线，如图7-8所示。

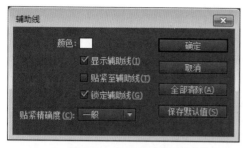

图7-7　设置辅助线　　　　　图7-8　设置安全框和中间线

04 导入背景图片，并按F8键打开"转换为元件"对话框，将背景图形对象转换为图形元件实例，如图7-9所示。

05 单击"时间轴"图层名称，重新命名为"背景"，并新建一个图层，命名为"角色1"。

06 单击"角色1"第1帧，绘制一个人物造型，并转换为元件；根据创意或分镜头台本，将背景与人物进行摆放，如图7-10所示。

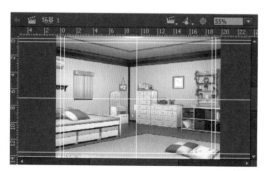

图7-9　背景图形实例　　　　图7-10　镜头范围内的背景与角色

07 添加图层，重新命名为"脚本"图层，用于简要记录制作动作时间、动作内容及要求等，如图7-11所示。

图7-11　添加脚本层

08 编辑"脚本"层，根据创作或台本要求，指定影片播放时间和帧数，并在时间段内插入关键帧，打开"属性"面板，添加帧标签进行脚本注释，如图7-12所示。

09 锁定"脚本"层，根据脚本层说明，对时间轴进行编辑，完成推拉镜头效果制作。

图7-12 根据分镜头台本编辑脚本层

⑩ 选择所有图层（"角色1""背景"或更多，不包括"脚本"层，以下同）第144
帧，按F6键插入关键帧，选择所有图层第25帧单击鼠标右键，在弹出的快捷菜单中
选择"复制帧"命令，按F7键在所有图层第25帧插入空白关键帧，如图7-13所示。

图7-13 编辑时间轴

⑪ 选择菜单"插入"/"创建"命令，打开"新建元件"对话框，输入名称"镜头1"，
选择类型为"影片剪辑"，单击"确定"按钮，进入影片剪辑编辑模式。

⑫ 选择第1帧，单击右键，选择快捷菜单中的"粘贴帧"命令，如图7-14所示。

⑬ 单击编辑栏中的"返回"按钮◀，返回主场景。

⑭ 单击选择任意层第25帧，按Ctrl+L键打开"库"面板，将"镜头1"元件拖放到场景
中，单击"时间轴"面板中的"绘图纸外观轮廓"按钮█，将"镜头1"实例与前一
帧场景实例对齐，如图7-15所示。

图7-14 影片剪辑编辑模式粘贴帧

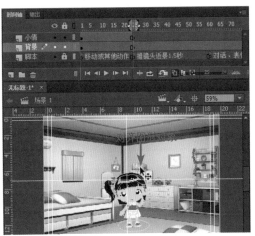

图7-15 对位场景对象

⑮ 关闭"绘图纸外观轮廓"█。

⑯ 单击第143帧，按F6键插入关键帧；单击第62帧，按F6键插入关键帧。

⑰ 选择"任意变形工具"，选择第62帧场景中的实例。

⑱ 调整编辑栏中的显示比例为20%，或按Ctrl+-键，如图7-16所示。

19 按下Shift键，利用"任意变形工具"放大实例，如图7-17所示。

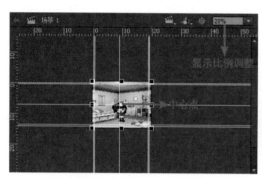
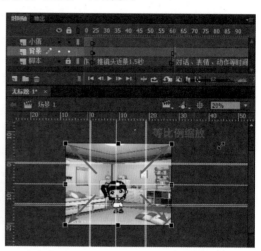

图7-16　调整显示比例　　　　　　图7-17　等比例放大实例对象

20 单击第120帧，按F6键插入关键帧，分别创建第25帧至第62帧、第120帧至第143帧的传统补间动画，如图7-18所示。

图7-18　创建补间动画

21 按Ctrl+Enter键，测试影片，实现多图层和镜头中心规格的推拉效果，如图7-19所示。

图7-19　影片测试效果

7.2.4　偏规格推拉场景镜头

按照剧情的要求推拉（放大/缩小）场景中的实例，在制作方式上区别不大，不是以场景的中心点进行缩放，如图7-20所示。

图7-20　偏规格推拉场景镜头

7.2.5 综合运用中心规格推拉镜头与偏规格推拉镜头

根据剧情，可以在Flash中实现不同角色实例在场景中运用不同的推拉镜头效果，从而表达角色运动的视觉效果和透视效果。角色实例运用偏规格推拉镜头效果，背景实例运用中心规格推拉镜头效果。

- 时间轴编辑，如图7-21所示。
- 影片测试效果，如图7-22所示。

图7-21 中心规格与偏规格镜头的实现

图7-22 综合运用推拉镜头测试效果

7.3 摇镜头和移镜头

7.3.1 摇镜头

摇镜头大致分为横摇、直摇和闪摇镜头3种形式。横摇，在Flash中表现为场景中的所有实例在水平方向的移动；直摇，在Flash中表现为场景中的所有实例上下移动；闪摇，在Flash中表现为相同场景或不同场景中场景实例的快速切换，以达到人物视线的快速转移的效果。

通过背景画面在场景中的各个方向的移动，形成视觉角度的变化，引导观众的视线从画面的一端扫向另一端。背景画面的移动速度通常是两头略慢、中间快，其画面是带有透视关系的视觉画面。

- 时间轴编辑，如图7-23所示。
- 测试效果，如图7-24所示。

图7-23　摇镜头时间轴编辑　　　　　图7-24　摇镜头影片测试效果

7.3.2　移镜头

场景中移动的主体角色实例在场景中的位置不变，移动背景实例和其他角色实例的位置而形成的一种场景效果。

● 时间轴编辑，如图7-25所示。

● 影片测试效果，如图7-26所示。

图7-25　移镜头时间轴编辑　　　　　图7-26　移镜头影片测试效果

第8章

Flash动画形式
综合运用

- 速度表现
- 背景处理
- 自然形态

本章结合教学案例，学习掌握Flash动画制作的时间轴编辑，包括速度表现、背景处理、自然现象表现等方面的制作技巧，充分体现Flash软件的特点，更熟练地运用Flash软件制作动画。

8.1　速度表现

在日常生活中，速度非常快的物体在动作过程中，人的眼睛不容易看清楚它的本来形状，而所看到的只是物体的虚影。例如飞速旋转的车轮就看不清轮毂的形状，只能看到快速旋转的轮影。Flash动画片中的许多动作夸张手法就是根据这一原理，在表现快速动作时就可以采用"滤镜"或"速度线"技法来处理。

8.1.1　滤镜的使用

■ 教学案例：直升飞机起降

1. 建库操作

01 新建Flash文档，并设置帧频为24帧/秒。

02 导入前景、背景图片到场景中，按F8键，打开"转换为元件"对话框，将图形元件转换成图形"前景""背景"实例。

03 绘制机身并转换成图形"机身"实例；绘制螺旋桨并转换成"螺旋桨1"实例，并按Delete键，删除场景中的实例，如图8-1所示。

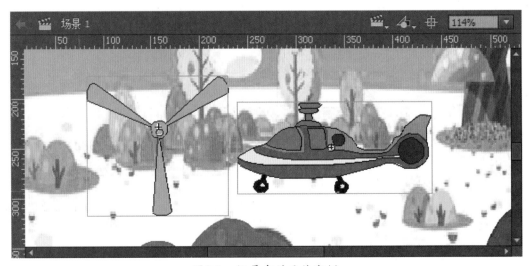

图8-1　场景中的元件实例

04 选择菜单"插入"/"新建元件"命令，打开"创建新元件"对话框，输入名称，选择元件"类型"为"影片剪辑"，如图8-2所示。

05 单击"确定"按钮，进入影片剪辑编辑场景。

图8-2 创建影片剪辑元件

06 单击"时间轴"面板中的第1帧，将库中的"螺旋桨1"元件拖放到场景中；按Ctrl+K键，打开"对齐"面板，使实例对齐"注册点"；单击第48帧，按F6键插入关键帧，并创建第1帧至第48帧的传统补间动画，如图8-3所示。

07 单击第1帧，打开"属性"面板，设置"旋转"为"顺时针"，次数为3次，如图8-4所示。

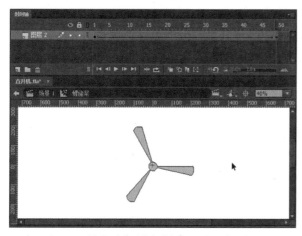

图8-3 影片剪辑模式创建传统补间动画

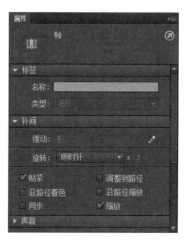

图8-4 设置"属性"面板

08 选择菜单"插入"/"新建元件"命令，创建影片剪辑元件"飞机"；在"飞机"影片剪辑元件编辑模式下，插入新图层，并将两个图层分别命名为"螺旋桨"和"机身"，将库中的"螺旋桨"与"机身"元件分别拖放到两个图层的第1帧中；选择"螺旋桨2"实例，按下Ctrl键并拖动，复制一个新的实例，如图8-5所示。

09 选择场景中的"螺旋桨2"两个实例，利用"任意变形工具"使其变形，如图8-6所示。

图8-5 编辑飞机影片剪辑元件

图8-6 变形实例

10 分别选择场景中的"螺旋桨2"实例，打开"属性"面板，为影片剪辑实例添加"滤镜"，单击"添加滤镜"菜单，选择"模糊"命令，创建模糊效果，如图8-7所示。

11 单击编辑栏中的"返回"按钮←返回主场景，建库完毕，如图8-8所示。

图8-7 为影片剪辑实例添加滤镜

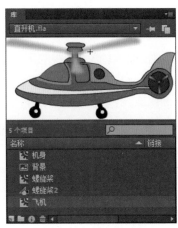

图8-8 "库"面板

2. 时间轴编辑

01 在主场景中，将"图层1"重新命名为"背景"；新建图层，并重新命名为"飞机"，将库中的"飞机"元件拖放到场景中。

02 右键单击"飞机"层，选择快捷菜单中的"添加传统运动引导层"命令，创建图层"飞机"的引导层，如图8-9所示。

图8-9 创建引导层

03 选择"铅笔工具"，在引导层第1帧绘制飞机运动路径，并拖动"飞机"实例至引导线起点，对齐中心点，如图8-10所示。

04 单击"新建图层"按钮，添加新图层，重新命名为"脚本"，并拖放到"图层"面板最后一层；打开"属性"面板，分别单击"脚本"层第1、96、146、170、218帧，按F6键插入关键帧，并输入"属性"面板中的帧标签内容，如图8-11所示。

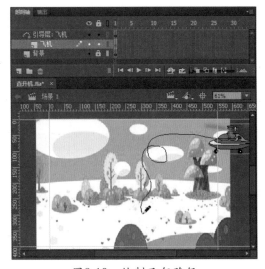

图8-10 绘制飞行路径

图8-11　编辑脚本层

05 选择"背景"层第266帧，按F5键插入帧，将"背景"层、"脚本"层锁定。

06 选择"引导层""飞机"层第96帧，按F5键插入帧，单击"飞机"层第96帧，按F6键插入关键帧，将"飞机"实例拖放到引导线的结束端，对齐中心点，如图8-12所示。

07 创建"飞机"层第1帧至第96帧的补间动画，单击"飞机"层第1帧，打开"属性"面板，设置"补间"/"缓动"值为100，使飞机缓慢降落。

08 选择"引导层"第97帧，按F7键插入空白关键帧。

09 选择"引导层""飞机"层第218帧，按F6键插入关键帧。

10 单击"飞机"层第97帧，按F6键插入关键帧。

11 选择"飞机"层第97帧场景中的"飞机"实例，按Ctrl+B键打散实例。

12 选择场景中的"螺旋桨2"两个实例，打开"属性"面板，选择"滤镜"/"模糊"命令，单击"删除滤镜"按钮 ，将"滤镜"设置删除，如图8-13所示。

图8-12　对齐路径终点

图8-13　滤镜删除效果

13 选择"飞机"层第146、170帧，按F6键插入关键帧。

14 选择"飞机"层第146帧场景中的"螺旋桨2"两个实例，按Ctrl+B键打散，使其成为"螺旋桨1"实例。

15 单击"引导层"第218帧，利用"铅笔工具"，从"飞机"实例中心点绘制飞机起飞路径；单击第266帧，按F5键插入帧。

16 单击"飞机"层第266帧，按F6键插
入关键帧，将场景中的"飞机"实例拖
放到绘制的路径终点，并对齐中心点；
右键单击第218帧，选择快捷菜单中
的"创建传统补间"命令，打开"属
性"面板，设置"缓动"值为-100，
如图8-14所示。

17 完成时间轴编辑，如图8-15所示。

18 按Ctrl+Enter键，测试影片，如图8-16
所示。

图8-14　创建补间动画并设置缓动

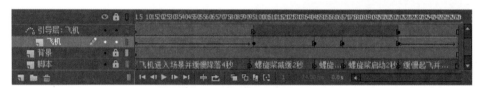

图8-15　编辑完成的时间轴

图8-16　影片测试效果

8.1.2　速度线

教学案例：速度线表现速度

1. 建库

01 新建Flash文档，并设置帧频为24帧/秒。

02 分别在不同图层导入背景，建立"小龙女"实例，锁定"背景"层，如图8-17所示。

2. 编辑时间轴

01 单击"背景"层第150帧，按F5键插入帧。

02 单击"时间轴"面板中的"新建图层"按钮，插入图层并重新命名为"速度线"，右键单击"龙女"层，选择快捷菜单中的"添加传统运动引导层"命令，创建"引导层"，如图8-18所示。

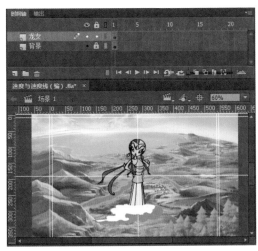

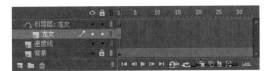

图8-17　新建文档

图8-18　创建速度线层与引导层

03 单击"龙女"层第24帧，按F6键插入关键帧；右键单击第1帧，创建传统补间，并打开"属性"面板，设置"缓动"为-100；切换为"任意变形工具"，单击选择场景中的"小龙女"实例，按下Shift键，缩小实例并移动，如图8-19所示。

04 分别单击"龙女"层第35、48帧，按F6键插入关键帧，并创建第24帧至第48帧的补间动画，单击第29帧、第42帧并插入关键帧，将这两帧的实例用键盘上的方向键向上移动5次，产生上下起伏的效果；单击第49帧，按F7键插入空白关键帧。

05 单击"速度线"层第49帧，按F6键插入关键帧，在场景中利用"椭圆工具"绘制速度线图形，并利用"任意变形工具"下的"扭曲" <img> 选项调整图形对象；单击第50帧，按F6键插入关键帧，创建第49至第50帧的补间形状动画；单击第50帧将绘制的图形位移，如图8-20所示。

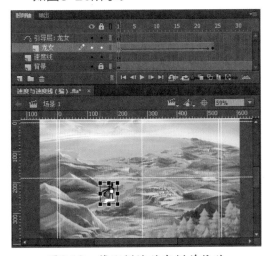

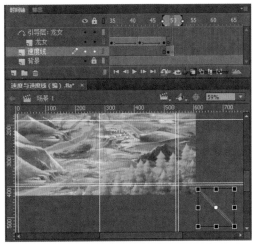

图8-19　等比例缩放实例并位移

图8-20　扭曲图形实例

06 单击"速度线"层第51帧，按F7键插入空白关键帧；单击第62帧，按F6键插入关键帧，绘制图形实例并变形扭曲，单击第65帧插入关键帧并调整图形实例，单击第66帧插入空白关键帧，如图8-21所示。

07 右键单击"龙女"层第48帧，选择"复制帧"命令，右键单击第65帧，选择"粘贴帧"命令；单击第67帧，按F6键插入关键帧，单击右键，在第65帧至第67帧创建传统补间动画；单击第65帧，选择场景中的"小龙女"实例，打开"属性"面板，在"色彩效果"选项组中，设置"样式"的Alpha为20%，如图8-22所示。

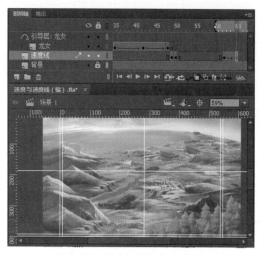

图8-21　编辑"速度线"层

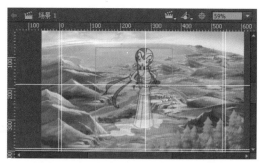

图8-22　设置第65帧实例透明度

08 单击"龙女"层第90帧，按F6键插入关键帧，移动第90帧上的"小龙女"实例，利用"任意变形工具"缩小实例并移动位置。

09 单击"引导线"层第82帧，按F6键插入关键帧；打开"绘图纸外观"[图]，利用"铅笔工具"绘制运动路径；单击第91帧，按F7键插入空白关键帧，如图8-23所示。

10 单击"龙女"层第80帧，按F6键插入关键帧，利用"任意变形工具"放大实例，并将中心点与运动路径起点对齐，分别创建第62帧至第80帧、第80帧至第90帧的补间动画，如图8-24所示。

11 单击"速度线"层第90帧，按F6键插入关键帧，并绘制速度线图形；单击第93帧，插入关键帧，移动、变形图形实例，并创建第91帧至第93帧的补间形状动画；重复上面的操作，绘制图形并创建第104帧至第107帧的补间形状动画，如图8-25所示。

12 单击"龙女"层第91帧，插入空白关键帧；单击第107帧，插入关键帧，打开"库"面板，拖放"小龙女"元件到场景中，单击第150帧，按F5键插入帧，如图8-26所示。

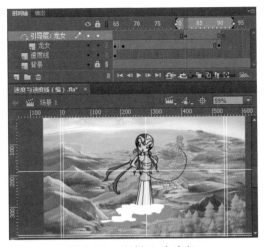

图8-23　绘制运动路径

图8-24　实例沿路径运动的补间动画

图8-25　创建第90帧至第107帧补间形状动画

图8-26　第107帧添加实例

13 完成时间轴编辑，如图8-27所示。

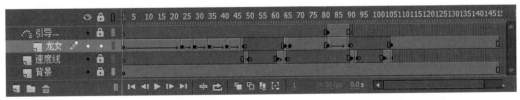

图8-27　时间轴编辑状况

14 按Ctrl+Enter测试影片，如图8-28所示。

图8-28　影片测试效果

8.2 背景处理

8.2.1 季节变化

■ 教学案例：时空变化转场

01 新建Flash文档。

02 导入背景图像，重新命名图层，锁定图层，如图8-29所示。

03 单击"时间轴"面板中的"新建图层"按钮，新建图层，并重新命名为"混合"。

04 单击"混合"层第1帧，利用"矩形工具"绘制覆盖整个场景的图形对象，如图8-30所示。

图8-29 导入的位图实例

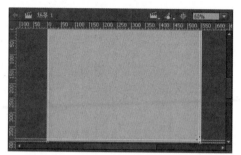

图8-30 绘制任意填充色的矩形

05 选择"混合"层场景中的图形实例，按F8键将其转换为影片剪辑实例；打开"属性"面板对实例进行设置，如图8-31所示。

06 单击"混合"层第72帧，按F6键插入关键帧；单击第1帧，选择场景中的实例，打开"属性"面板进行设置，如图8-32所示。

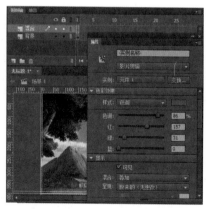

图8-31 设置第1帧实例属性

图8-32 再次设置第1帧实例属性

07 创建"混合"层第1帧至第72帧的补间动画。

08 按Ctrl+Enter键，测试影片，如图8-33所示。

图8-33　影片测试效果

8.2.2　循环背景

教学案例：360度循环背景

01 新建Flash文档。

02 选择菜单"插入"/"新建元件"命令，打开"创建新元件"对话框，输入名称，选择类型为"图形"，单击"确定"按钮，进入图形元件编辑状态。

03 选择菜单"文件"/"导入"/"导入到舞台"命令，导入位图，如图8-34所示。

04 单击编辑栏上的"返回"按钮 ，返回主场景。

05 按Ctrl+L键，打开"库"面板，将建立的"360全景"元件拖放到场景中；按F8键，打开"转换为元件"对话框，输入名称"360-2"，选择元件类型为"影片剪辑"，将场景中的"360全景"实例转换为影片剪辑实例。

06 选择场景中的影片剪辑实例，按Ctrl+F3键，打开"属性"面板，查看当前实例的大小属性，如图8-35所示。

图8-34　将位图导入元件场景中

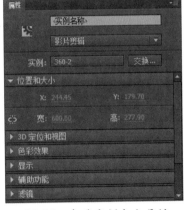

图8-35　查看实例大小属性

07 选择菜单"修改"/"文档"命令，打开"文档设置"对话框，将文档高度设置与影片剪辑实例相同高度，单击"确定"按钮，更改设置，如图8-36所示。

08 选择场景中的影片剪辑实例，按Ctrl+K键，打开"对齐"面板，勾选"与舞台对齐选项"复选框，单击"垂直中齐"  与"左对齐"按钮 ，将影片剪辑实例左对齐场景，如图8-37所示。

图8-36　设置场景高度

图8-37　将影片剪辑实例与场景左对齐

09 双击场景中的影片剪辑实例，进入影片剪辑编辑模式；单击"时间轴"面板上的"新建图层"按钮 ，新建一个"图层2"；单击"图层2"第1帧，打开"库"面板，将"360全景"图形实例拖放到场景中，并对齐"图层1"实例，如图8-38所示。

10 选择"图层1""图层2"第100帧，按F6键插入关键帧，选择场景中的两个图层实例向右平移，将"图层2"实例对齐场景左侧，如图8-39所示。

图8-38　对齐图形实例

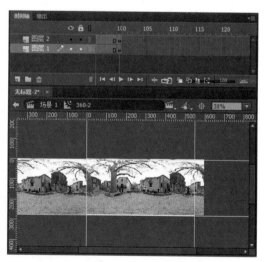

图8-39　将图层2实例对齐场景左侧

11 分别创建"图层1""图层2"的补间动画，单击"返回"按钮 ，返回主场景，如图8-40所示。

12 按Ctrl+Enter键测试影片。

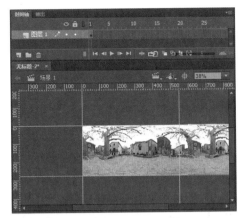

图8-40 返回主场景

8.2.3 瀑布背景

■ 教学案例：瀑布背景处理

01 新建Flash文档。

02 将背景图像导入到场景，并利用"属性"面板调整大小与场景一致，利用"对齐"面板对齐，如图8-41所示。

03 选择场景中的位图实例，单击右键，在快捷菜单中选择"复制"命令。

04 锁定"图层1"，单击"时间轴"面板中的"新建图层"按钮█，新建一个"图层2"，右键单击场景，在快捷菜单中选择"在当前位置粘贴"命令，粘贴一个新的位图实例，与"图层1"实例重合。

05 打开"属性"面板，调整"图层2"位图实例大小，宽高各加5像素，如图8-42所示。

图8-41 导入的位图实例

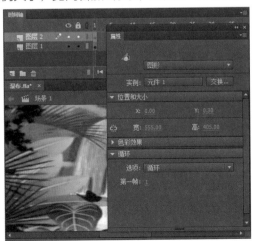

图8-42 调整图层2实例宽高

06 按Ctrl+B键，将位图实例打散，使其成为可编辑对象；单击"图层1"的"显示/隐藏当前图层"按钮，隐藏"图层1"。

07 对"图层2"位图实例抠图，将不需要的部分删除，如图8-43所示。

08 锁定"图层2"，单击"时间轴"面板中的"新建图层"按钮，新建一个"图层3"；在"图层3"中利用"矩形工具"绘制覆盖整个场景的线条，如图8-44所示。

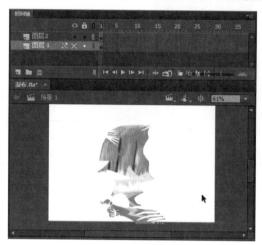

图8-43　抠图　　　　　　　　　　图8-44　绘制线条

09 选择绘制的线条，按F8键，将图形对象转换为图形元件"线条1"实例；再按F8键，将"线条1"实例转换为"线条"影片剪辑实例。

10 双击"线条"影片剪辑实例，进入"线条"影片剪辑元件编辑模式，如图8-45所示。

11 单击"时间轴"面板中的"新建图层"按钮，新建"图层2"；打开"库"面板，将"线条1"元件拖放到场景中并对齐"图层1"场景中的实例，如图8-46所示。

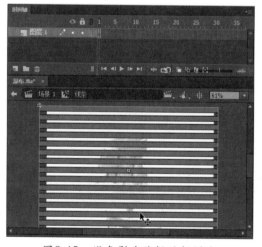
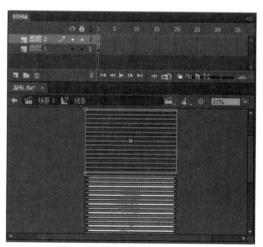

图8-45　线条影片剪辑编辑模式　　　　图8-46　对齐图形实例

12 选择"图层1""图层2"第80帧，按F6键插入关键帧，将场景中的实例向下移动，并对齐场景；分别创建"图层1""图层2"传统补间动画，如图8-47所示。

13 单击"返回"按钮 ← ，返回主场景，如图8-48所示。

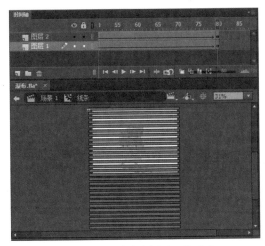

图8-47　移动实例与场景对齐

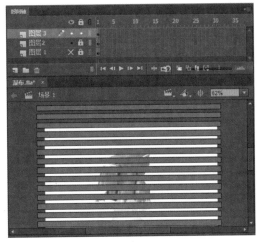

图8-48　主场景编辑

14 右键单击"图层3"，选择快捷菜单中的"遮罩层"命令，如图8-49所示。

15 按Ctrl+Enter键测试影片，如图8-50所示。

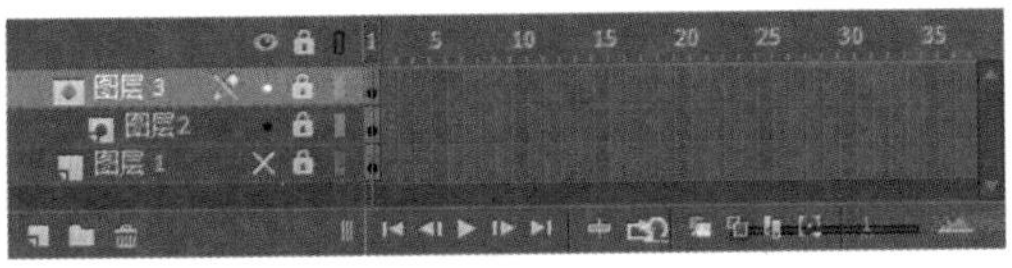

图8-49　建立遮罩层

图8-50　测试影片

8.2.4　镜像处理

■ 教学案例：汽车广告

1. 建库

01 新建Flash文档，选择菜单"文件"/"导入"/"导入到库"命令，将素材图片导入库中，如图8-51所示。

图8-51　导入的素材图片

02 按Ctrl+L键，打开"库"面板，将汽车位图拖放到场景中进行抠图操作，如图8-52所示。

03 按F8键，打开"转换为元件"对话框，分别将场景中的位图实例转换成"车轮1""车身"图形实例，并选择所有实例，按Delete键删除。

04 选择菜单"插入"/"新建元件"命令，打开"创建新元件"对话框，创建"车轮"影片剪辑元件，单击"确定"按钮，进入"车轮"影片剪辑编辑模式。

05 按Ctrl+L键，打开"库"面板，将"车轮1"元件拖放到当前场景中，并按Ctrl+K键，打开"对齐"面板，将"车轮1"实例的中心点与"注册点"对齐，如图8-53所示。

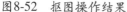
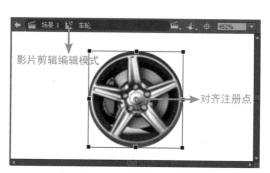

图8-52　抠图操作结果　　　　　　图8-53　对齐注册点

06 单击"帧"面板中的第40帧，按F6键插入关键帧；右键单击第1帧，选择快捷菜单中的"创建传统补间"命令，创建补间动画；按Ctrl+F3键，打开"属性"面板，设置"缓动"为100、"旋转"为"逆时针"，旋转次数为2，如图8-54所示。

07 选择菜单"插入"/"新建元件"命令，打开"创建新元件"对话框，创建"汽车"影片剪辑元件，单击"确定"按钮，进入"汽车"影片剪辑元件编辑模式。

08 单击"时间轴"面板上的"新建图层"按钮■，新建一个图层，将两个图层分别重新命名为"车身""车轮"；按Ctrl+L键，打开"库"面板，将"车身""车轮"元件分别拖放到相应的图层第1帧，如图8-55所示。

图8-54 设置"属性"面板

图8-55 将实例拖放到影片剪辑元件场景中

09 单击选择"车轮"影片剪辑实例，并按下Alt键拖动并复制一个新的实例，放到相应的位置并对齐，如图8-56所示。

10 选择菜单"插入"/"新建元件"命令，打开"创建新元件"对话框，创建"汽车与倒影"影片剪辑元件，单击"确定"按钮，进入"汽车与倒影"影片剪辑元件编辑模式。

11 单击"时间轴"面板上的"新建图层"按钮█，新建一个图层，将两个图层分别重新命名为"汽车""倒影"；按Ctrl+L键，打开"库"面板，将"汽车"影片剪辑元件分别拖放到两个图层的第1帧场景中；单击"倒影"层汽车实例，选择菜单"修改"/"变形"/"垂直翻转"命令，翻转实例并对齐，如图8-57所示。

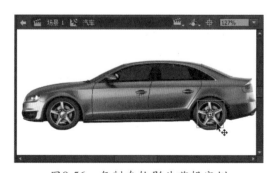

图8-56 复制车轮影片剪辑实例

图8-57 翻转实例

12 单击倒影实例，按住Alt键拖动，复制一个新实例，按Ctrl+↓键，将新实例向下移动一层，如图8-58所示。

13 按Ctrl+F3键，打开"属性"面板，分别设置"倒影"两个实例的"色彩效果"选项组下"样式"的"亮度"值为-30%和-70%，如图8-59所示。

图8-58　复制倒影实例并排序

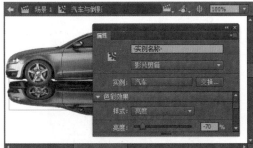
图8-59　设置倒影实例色彩效果

⑭ 单击编辑栏中的"返回"按钮◀，返回主场景。

2. 编辑主场景时间轴

① 单击"时间轴"面板上的"新建图层"按钮◪，新建一个图层，将两个图层分别重新命名为"背景""汽车"。

② 单击"背景"层第1帧，按Ctrl键，打开"库"面板，将背景图像拖放到场景中，按F8键，打开"转换为元件"对话框，将位图实例转换为"背景"图形元件实例；复制"背景"实例并翻转，并且利用"任意变形工具"调整大小，如图8-60所示。

③ 选择镜像的实例，按Ctrl+F3键，打开"属性"面板，设置"色彩效果"选项组下"样式"的"亮度"值为-30%，如图8-61所示。

图8-60　调整翻转图形实例大小

图8-61　使用"属性"面板设置色彩效果

④ 单击"汽车"层第1帧，打开"库"面板，将"汽车与倒影"元件拖放到场景中，并调整大小，如图8-62所示。

⑤ 在"帧"面板上选择两个图层的第40帧，按F5键插入帧；单击"汽车"层第40帧，

按F6键插入关键帧；调整场景中的"汽车与倒影"实例在第1帧和第40帧的位置，创建补间动画，并设置"缓动"值为100，如图8-63所示。

图8-62 调整影片剪辑实例大小和位置　　图8-63 调整实例位置创建补间动画

06 单击"背景"层第130帧，按F5键插入帧，并锁定图层；分别单击"汽车"层第41、90帧，按F6键插入关键帧。

07 单击"汽车"层第41帧，选择场景中的实例，按Ctrl+B键两次，将实例打散；分别选择所有"车轮"影片剪辑实例，按Ctrl+B键打散，使元件实例成为"车轮1"实例，如图8-64所示。

08 打开"属性"面板，分别调整所有倒影实例的色彩效果，如图8-65所示。

图8-64 将所有实例打散成图形元件实例　　图8-65 调整所有倒影实例色彩效果

09 单击"汽车"层第130帧，按F6键插入关键帧，并移动场景中的实例；创建第90帧至第130帧的补间动画，并设置缓动值为100，如图8-66所示。

图8-66　移动实例并创建补间动画

⑩ 完成主场景时间轴编辑，如图8-67所示。

图8-67　主场景时间轴

⑪ 按Ctrl+Enter键，测试影片，如图8-68所示。

图8-68　测试影片

8.3　自然形态

8.3.1　风的表现

　　风是日常生活中常见的一种自然现象。空气流动便形成风，风是无形的气流。一般来讲是无法辨认风的形态的，虽然在动画片中，可以画一些实际上并不存在的流线，来表现运动速度比较快的风。但在更多的情况下，还是通过被风吹动的各种物体的运动来表现风的。因此，研究风的运动规律和表现风的方法，实际上就是研究被风吹动着的各种物体的运动规律和具体的表现方法，如"第5章 \ 5.2.4 引导动画 \ 2.应用引导层"中的《风吹落叶》教学案例。

■ 教学案例：制作龙卷风效果

01 新建一个Flash文档。

02 按Ctrl+F8键，新建一个名为F的图形元件，如图8-69所示。

图8-69　建立图形元件

03 按Ctrl+F8键，打开"创建新元件"对话框，创建一个F1影片剪辑元件，将"库"面板中的F元件拖放到场景中，并在第20帧插入关键帧。

04 右键单击"图层1"第1帧，选择"创建传统补间"命令，创建补间动画；按Ctrl+F3键，打开"属性"面板，进行"旋转"设置，如图8-70所示。

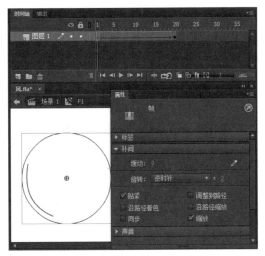

图8-70　编辑F1影片剪辑元件

05 按Ctrl+F8键，创建一个F2影片剪辑元件，并将"库"面板中的F1影片剪辑元件拖放到场景中。

06 选择场景中的F1影片剪辑实例，单击"工具箱"面板上的"任意变形工具"按钮，将F1实例缩放为椭圆，如图8-71所示。

07 利用"选择工具"+Alt键复制场景中的F1实例，如图8-72所示。

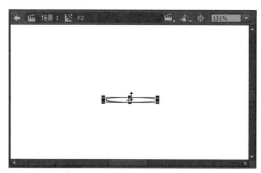
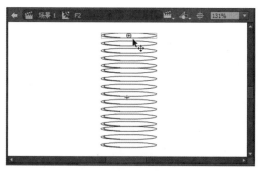

图8-71　使用"任意变形工具"变形实例　　　图8-72　复制场景中的F1影片剪辑实例

08 利用"任意变形工具"和"选择工具"调整场景中的实例大小、位置，如图8-73所示。

09 单击编辑栏中的"返回"按钮，返回主场景。

10 打开"库"面板，将F2元件拖放到场景中，并重新命名图层为"风"；单击选择场景中的F2影片剪辑实例，选择菜单"窗口"/"属性"命令，打开"属性"面板，设置"滤镜"效果，如图8-74所示。

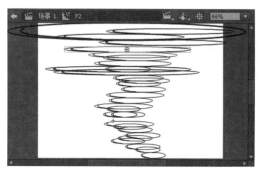

图8-73　调整场景中实例的大小与位置　　　图8-74　设置影片剪辑色彩效果属性

11 单击"时间轴"面板上的"新建图层"按钮，新建图层并重新命名为"背景"；选择菜单"文件"/"导入"/"导入到舞台"命令，导入背景图像，并调整大小，如图8-75所示。

12 将"背景"层拖放到"风"层下方，并锁定。

图8-75　导入的背景图像

13 选择场景中的F2影片剪辑实例，打开
　"属性"面板，设置影片剪辑的色彩效
　果和颜色混合效果，如图8-76所示。

14 选择"风""背景"层的第40帧，按
　F5键插入帧，单击"风"层第40帧，
　按F6键插入关键帧，并创建补间动画；
　调整"风"层第1帧和第40帧影片剪辑实
　例位置、大小，如图8-77所示。

15 按Ctrl+Enter键测试影片，效果如图
　8-78所示。

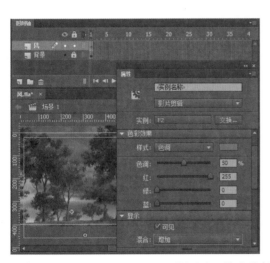

图8-76　影片剪辑的几种混合效果

图8-77　编辑时间轴

图8-78　变亮混合影片测试效果

8.3.2 雪景

在动画片中，经常出现下雨、下雪的镜头。雨、雪产生于云，云里的小水滴或小水晶互相碰撞，合并增大，形成雨滴、雪花。下雨、雪时，往往有一片比较广阔的雨区，为了表现远近透视的纵深感，可以分成三层来制作。

- **前层**：画比较短、粗、大的形状，速度较快。
- **中层**：画粗细适中的形状，比前层可画得稍密一些，速度中等。
- **后层**：画细小而密的形状，组成一片一片的表现较远的雨、雪，速度较慢。

将前、中、后三层合在一起，进行影片剪辑元件制作，就可表现出有远近层次的纵深感。雨丝不一定都平行，也可稍有变化。制作的影片剪辑元件，前层雨点、雪花至少要播放15帧，中层至少要播放30帧，后层至少要播放45帧，也就是说，前、中、后层的雨点播放时间相差一倍，这样就可以组成构图有层次变化的动画，播放起来才不至显得单调。雨、雪的颜色，应根据背景色彩的深淡来定，一般使用中灰或浅灰、白色或透明白色。用50%和100%透明的径向渐变颜色进行制作。

■ 教学案例：制作下雪场景

[01] 新建一个Flash文档。

[02] 导入背景位图，并利用"属性"面板调整大小；利用"对齐"面板对齐场景；将图层重新命名为"背景"，并锁定图层，如图8-79所示。

[03] 单击"时间轴"面板上的"新建图层"按钮，新建图层并重新命名为"雪花"。

[04] 选择"刷子工具"，设置刷子大小为最大选项；选择菜单"窗口"/"颜色"命令，打开"颜色"面板，设置"笔触填充"为"无"、"填充颜色"为"径向渐变"，调整"颜色指针"的颜色和透明度，如图8-80所示。

图8-79 导入的背景位图实例

颜色：白色
透明度：70%

颜色：白色
透明度：0%

图8-80 设置刷子工具填充颜色

05 利用"刷子工具"在场景中绘制前层雪花图形，如图8-81所示。

06 单击"雪花"层第1帧，按F8键，将场景中的图形对象转换为"前1"图形实例；再按F8键，将实例转换为"前2"影片剪辑实例；切换至"选择工具"，双击场景中的实例，进入"前2"影片剪辑编辑模式，如图8-82所示。

图8-81　绘制前层雪花　　　　　　　图8-82　影片剪辑元件编辑模式

07 右键单击场景中的"前1"图形实例，选择"复制"命令；单击"时间轴"面板上"新建图层"按钮，新建"图层2"；单击"图层2"第1帧，右键单击场景空白的地方，选择快捷菜单中的"粘贴到当前位置"命令，粘贴"前1"实例；调整"图层2"场景中的实例，与"场景1"实例对齐，如图8-83所示。

08 选择所有图层的第40帧，按F6键插入关键帧，并调整场景中所有实例的位置，如图8-84所示。

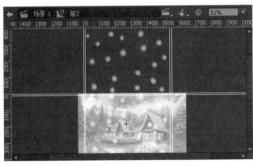
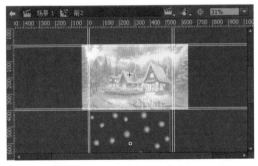

图8-83　图层第1帧场景实例位置　　　图8-84　图层第40帧场景实例位置

09 创建"图层1""图层2"的补间动画，如图8-85所示。

10 单击编辑栏中的"返回"按钮，返回主场景，并删除"雪花"层中的实例。

11 重复（4）~(10)步骤的操作，制作中景和远景雪花影片剪辑元件，创建影片剪辑时，时间轴的补间长度是前景雪花影片剪辑的倍数，如图8-86所示。

12 按Ctrl+F8键，打开"创建新元件"对话框，创建"雪花"影片剪辑元件，单击"确定"按钮进入影片剪辑编辑模式；单击"时间轴"面板上的"新建图层"按钮两次，新建两个图层，并分别重新命名为：近、中、远；按Ctrl+L键，打开"库"面板，将"前2""中2""后2"影片剪辑元件按上下顺序拖放到不同层；按Ctrl+K键，打开"对齐"面板，对齐实例，如图8-87所示。

13 单击编辑栏中的"返回"按钮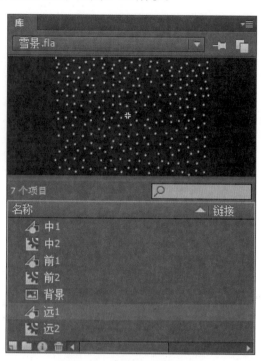，返回主场景，打开"库"面板，将"雪花"影片剪辑元件拖放到"雪花"层第1帧场景中，并对齐场景，如图8-88所示。

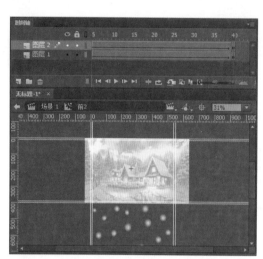

图8-85 完成前景雪花影片剪辑元件编辑

图8-86 库中创建的元件

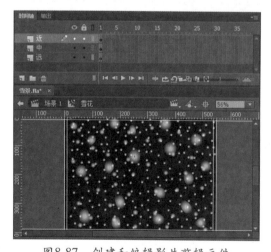

图8-87 创建和编辑影片剪辑元件

图8-88 影片剪辑实例与场景对齐

14 测试影片，如图8-89所示。

图8-89　影片测试效果

8.3.3　闪电

　　动画片中出现闪电的情况不多，有时根据剧情的需要，为了渲染气氛，也要表现电闪雷鸣。动画在表现闪电时，除了直接描绘闪电时天空中出现的光带以外，往往还要抓住闪电时的强烈闪光对周围景物的影响，加以强调。发生闪电的天空，总是乌云密布，周围景物也都比较灰暗。当闪电突然出现时，人们的眼睛受到强光的刺激，感到眼前一片白，瞳孔迅速收小；闪电过后的一刹那，由于瞳孔还来不及放大，眼前似乎一片黑；瞳孔恢复正常后，眼前又出现闪电前的景象。因此，它的基本规律是：正常(灰)——亮(可强调到完全白)——略(可强调到完全黑)——正常(灰)。在半秒钟的放电过程中，闪电次数很多，在十二帧中，可闪烁二三次。

■ **教学案例：制作闪电场景**

01 新建一个黑色背景的Flash文档。

02 将"图层1"重新命名为"背景"；导入背景图像，按F8键，将位图实例转换为"背景"图形实例，调整大小并对齐场景，如图8-90所示。

03 单击"时间轴"面板中的"新建图层"按钮，新建图层，并重新命名为"闪电"。

04 隐藏"背景"层，单击"闪电"层第1帧，利用"铅笔工具"在场景中绘制闪图形，如图8-91所示。

图8-90 背景图形实例

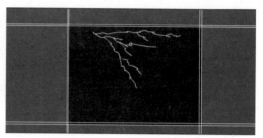

图8-91 绘制闪电形状

05 选择所绘制的图形对象，按F8键，将图形对象转换成"闪电"影片剪辑实例。

06 选择场景中的"闪电"影片剪辑实例，按Ctrl+F3键，打开"属性"面板，设置实例的"色彩效果""显示""滤镜"选项，如图8-92所示。

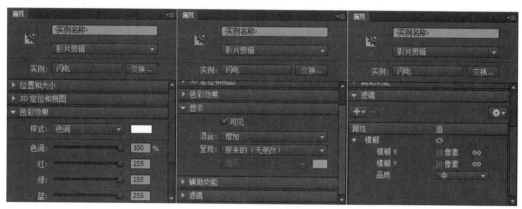

图8-92 设置影片剪辑实例属性

07 显示图层"背景"，查看设置效果，如图8-93所示。

08 单击"背景"层第50帧，按F5键插入帧；单击第1帧，选择场景中的"背景"图形实例，按Ctrl+F3键，打开"属性"面板，设置"色彩效果"选项组中的"亮度"值为-70%，如图8-94所示。

图8-93 影片剪辑实例属性设置效果

09 单击"闪电"层第1帧，按下鼠标左键将第1帧移动到第12帧；选择第12帧场景中的"闪电"实例，利用"任意变形工具"将中心点移动至左上角，如图8-95所示。

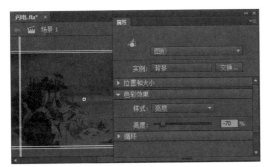 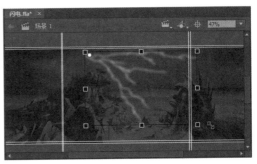

图8-94 设置背景图形实例色彩效果　　　　　　图8-95 移动实例中心点

10 单击"闪电"层第28帧，按F6键插入关键帧；选择第12帧场景中的实例，利用"任意变形工具"缩小，如图8-96所示。

11 创建"闪电"层第12至第28帧的补间动画；分别在第15、18、21、24帧上单击鼠标右键，选择快捷菜单中的"转换为关键帧"命令，将所选帧转换为关键帧，同时继承补间变化；选择第14、16、19、22帧，按F7键插入空白关键帧；单击鼠标右键，选择快捷菜单中的"删除补间"命令，删除第12帧至第22帧之间创建的补间动画，如图8-97所示。

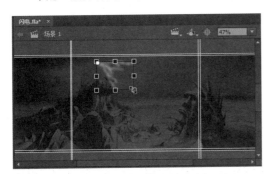

图8-96 缩小第12帧实例

图8-97 编辑闪电成时间轴

12 单击"闪电"层第15帧，选择场景中的实例，利用"任意变形工具"缩小实例；单击第30帧，按F6键插入关键帧；再按F5键插入帧；选择场景中高的"闪电"实例，打开"属性"面板，设置"色彩效果"选项组中"样式"为"色调"，设置闪电消失瞬间的色彩效果，如图8-98所示。

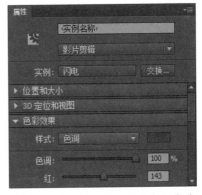

图8-98 设置第30帧闪电实例色彩

[13] 锁定"闪电"层。

[14] 分别单击"背景"层第13、16、18、21、24、29、34帧，并按F6键插入关键帧，如图8-99所示。

[15] 打开"属性"面板，分别设置"背景"层第13、18、21、24、29帧"背景"实例的"亮度"值，分别为-50、-40、-30、0、100；创建第29帧至第34帧间的补间动画，如图8-100所示。

图8-99　选择并插入关键帧　　　　　图8-100　闪电效果时间轴编辑

[16] 按Ctrl+Enter键，测试影片，如图8-101所示。

图8-101　影片测试效果

8.3.4　光晕

教学案例：制作光晕效果

[01] 新建一个背景为黑色的Flash文档。

[02] 绘制3个图形并转换为图形元件，分别命名为A、B、C，如图8-102所示。

[03] 按Ctrl+F8键，创建"光"影片剪辑元件，并进入元件编辑模式。

[04] 单击"图层1"第1帧，打开"库"面

图8-102　创建图形元件

板，将元件B拖放到场景中，按Ctrl+K键，打开"对齐"面板，对齐"注册点"；分别选择"帧"面板中的第30、120、132帧并按F6键插入关键帧；单击第1帧，选择场景中的实例B，利用"任意变形工具"与Shift键组合，等比例缩小实例，按Ctrl+F3键，打开"属性"面板，设置Alpha值为30%；同上操作设置第132帧实例；创建所有帧之间的补间动画，并锁定图层，如图8-103所示。

[05] 新建"图层2"，单击第12帧，按F6键插入关键帧，将"库"面板中的元件A拖放到第12帧场景中并对齐"注册点"；选择第121帧，按F6键插入关键帧，并删除121帧后面的所有帧；选择121帧场景实例，利用"任意变形工具"顺时针旋转实例

270°；创建第12帧至第121帧之间的补间动画；右键单击第48帧，选择快捷菜单中的"转换为关键帧"命令，插入关键帧，选择场景中的实例A，按下Shift键，使用"任意变形工具"等比例放大实例，如图8-104所示。

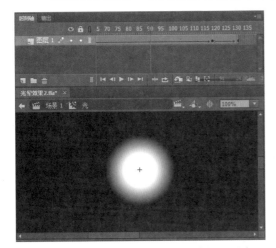

图8-103 影片剪辑元件图层1时间轴编辑

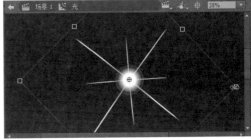

图8-104 等比例放大实例A

06 单击选择"图层2"第12帧，选择场景中的A实例，按住Shift键，利用"任意变形工具"等比例缩小实例；打开"属性"面板，设置"Alpha"值为0；重复上述操作设置第12帧场景实例；锁定"图层2"，如图8-105所示。

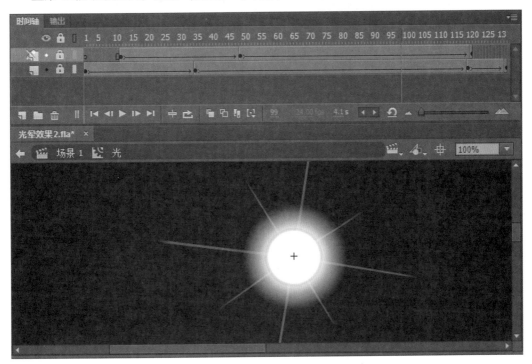

图8-105 影片剪辑图层2时间轴编辑

07 新建"图层3"，单击第24帧，按F6键插入关键帧，打开"库"面板，将元件C拖放到场景中；使用"任意变形工具"调整大小；对齐"注册点"；打开"属性"面板，设置Alpha值为0；单击第50、108帧，按F6键插入关键帧；单击第50帧，选择场景中的实例C，打开"属性"面板，设置Alpha值为70；按住Shift键，使用"任意变形工具"放大实例，如图8-106所示。

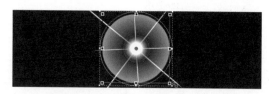

图8-106　图层3第50帧放大实例C

08 右键单击帧，创建所有第24帧至第108帧之间关键帧的补间动画；完成"图层3"的编辑，锁定"图层3"。

09 新建"图层4"，单击第30帧，按F6键插入关键帧；将"库"面板中的B元件拖放到场景中，并按住Shift键，使用"任意变形工具"缩小实例，对齐"注册点"；单击第132帧按F6键插入关键帧，按Shift键，使用"任意变形工具"放大实例至最大场景，并设置Alpha值为0；创建第30帧至第132帧之间的补间动画；锁定图层，如图8-107所示。

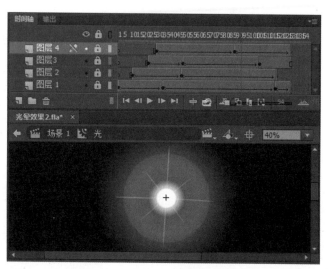

图8-107　完成图层4时间轴编辑

10 单击3次"时间轴"面板中的"新建图层"按钮，创建"图层5""图层6"和"图层7"；选择5、6、7图层第35帧，按F6键插入关键帧；将库中的C元件分别添加到3个图层的场景中，并分别调整大小和位置，如图8-108所示。

11 选择5、6、7图层第110帧，按F6键插入关键帧；分别调整场景中的实例大小及位置，如图8-109所示。

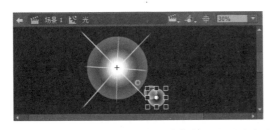 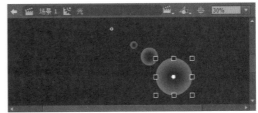

图8-108 调整第35帧各图层场景中实例位置及大小　图8-109 调整第132帧场景中各实例位置及大小

12 选择5、6、7图层第55帧，单击右键，选择快捷菜单中的"转换为关键帧"命令，将3个图层的第55帧转换为关键帧；分别单独选择5、6、7图层的第35、110帧，打开"属性"面板，设置场景中的实例Alpha值为0；锁定5、6、7图层，如图8-110所示。

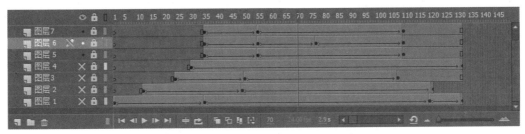

图8-110 图层5、6、7时间轴编辑

13 新建"图层8"，单击第35帧插入关键帧，将库中的A元件拖放到场景中，调整大小形状和位置；单击第110帧插入关键帧，调整场景中的实例位置，创建补间动画；右键单击第50帧，转换为关键帧；单击第35帧，选择场景中的实例并设置Alpha值为20；单击第110帧，选择实例，设置Alpha值为0，如图8-111所示。

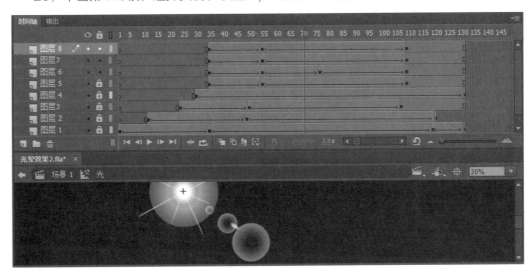

图8-111 完成时间轴编辑

14 完成元件编辑，单击"返回"按钮 ，返回主场景。

[15] 重新命名图层为"背景"，导入背景图像并调整，如图8-112所示。

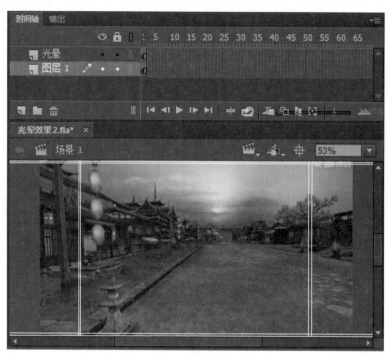

图8-112 导入的背景图像

[16] 新建图层并重新命名为"光晕"，将库中的"光"元件拖放到场景中。

[17] 测试影片，如图8-113所示。

图8-113 影片测试效果

第9章

Flash动画分镜头制作

- 前期设计
- 分镜头制作
- 中后期制作

　　Flash软件只是专业动画制作人员的一个制作工具。仅仅使用Flash功能制作的动画片，达不到传统动画的制作工艺。例如人物造型动作、动物造型动作等，不能使之流畅地表达给观众。因此，还需要专业制作人员的手工绘制以达到自然、丰满、流畅的效果。本章的教学案例，通过对一个分镜头的制作，使传统的动画制作手绘工艺和Flash软件相互结合，达到动画制作的目的。

　　故事梗概：荆轲为报国仇家恨追杀秦王，途中和自己的朋友、秦王的护卫小玉儿相遇。为了阻止荆轲刺杀秦王，小玉儿与荆轲在山道上展开了一场恶斗……

9.1　前期设计

9.1.1　人物造型设计

　　制作者根据剧本，设计、创作出符合剧情要求和性格特征的角色形象。通过与制片人、编剧、导演的协商共同确立，如图9-1所示。

图9-1　人物造型设计

9.1.2　分镜头脚本

　　制订视听方案，使创作方向明晰，便于制作。导演根据剧本，绘制出类似连环画的故事草图，即分镜头台本，将剧本描述的故事情节表现出来。整部动画片由许多片段组成，每一个片段由系列场景组成，一个场景一般被限定在某一地点和一组人物内，而场景又可以分为一系列被视为图片单位的镜头，由此构造出一部动画片的整体结构。在绘制各个分镜头的同时，作为其内容的动作和对白的时间、摄影指示、画面连接、背景画面等都要有相应的说明。一般30分钟的动画剧本，要设置400个左右的分镜头。本教学案例分镜头如图9-2所示。

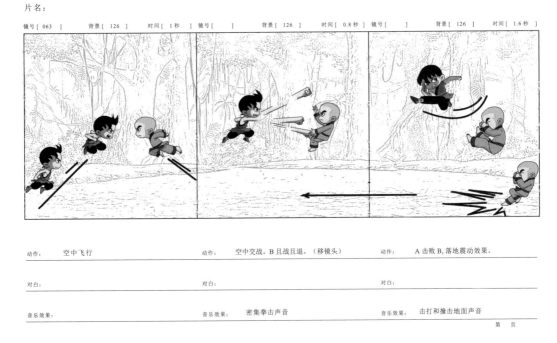

图9-2　分镜头稿纸

9.2　分镜头制作

根据分镜头脚本的设计，制作人物、动物动作原画和中间画并形成组或元件，存放于库中，准备在分镜制作过程中调用，这就是在Flash动画制作中的建库过程。

9.2.1　角色建库

■ 教学案例：Flash角色A转面建库

01 新建一个Flash文档，并在"新建文档"对话框中进行设置，如图9-3所示。

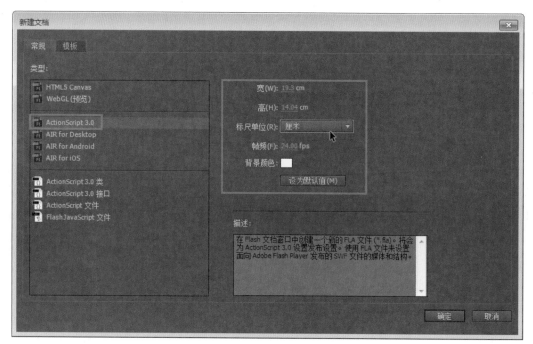

图9-3 "新建文档"对话框

02 单击"确定"按钮，进入文档编辑。

03 选择菜单"视图"/"网格"/"编辑网格"命令，打开"网格"对话框进行设置，如图9-4所示。

04 选择菜单"视图"/"标尺"命令，打开边框标尺，拖曳出安全框和中间线；选择菜单"视图"/"辅助线"/"锁定辅助线"命令，将标尺辅助线锁定，如图9-5所示。

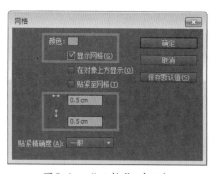

图9-4 "网格"对话框

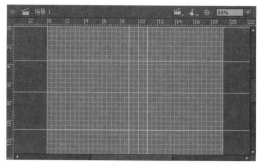

图9-5 设置制片工作环境

05 根据角色设定，在场景中绘制图形，并在绘制过程中，将绘制的角色独立器官图形按F8键转换成图形元件，如图9-6所示。

06 单击"库"面板上的"新建文件夹"按钮 ，建立"角色A正面"文件夹，并将所有图形元件拖放到文件夹中，如图9-7所示。

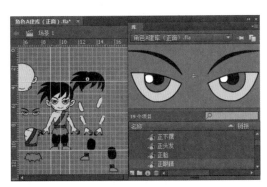

图9-6 角色建库

图9-7 整理库

07 重复（5）、（6）步骤操作，完成角色A其他4个面的建库，如图9-8所示。

08 选择菜单"插入"/"建立新元件"命令，建立新元件，并命名为"角色A转面"，建立"角色A转面"图形元件，用于在主场景中检查动态效果。

09 在"角色A转面"图形元件编辑状态下，编辑时间轴，分别在第3、5、7、9、11、13、15、17帧插入空白帧，将不同面的元件实例拖放到时间轴各个关键帧场景中，并单击时间轴上的"编辑多个帧"按钮 ，对所有关键帧中的实例进行对齐编辑，如图9-9所示。

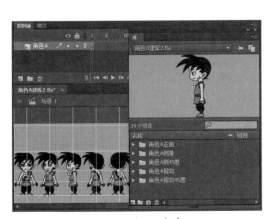

图9-8 转面建库

图9-9 建立转面影片剪辑

10 单击编辑栏中的"返回场景"按钮 ，返回主场景。

11 打开"库"面板，将"角色A转面"图形元件拖放到场景中，放入5个实例，如图9-10所示。

12 单击角色层第18帧，按F5键插入帧；单击第2个图形元件实例，打开"属性"面板进行设置，如图9-11所示。

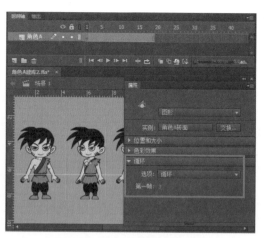

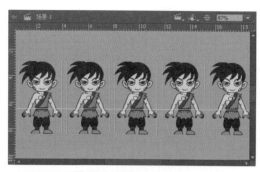

图9-10　将影片剪辑元件拖放到场景中　　　　　　图9-11　设置循环播放起始帧

13 重复上面的操作，分别为第3、4、5个图形实例进行起始帧设置，设置为第5、7、9帧，如图9-12所示。

14 按Enter键或Ctrl+Enter键测试影片，观察播放转面效果，如图9-13所示。

图9-12　设置5个转面实例的播放起始帧　　　　　　图9-13　影片测试效果

9.2.2　Flash分镜头制作

■ 教学案例：分镜头制作

01 选择菜单"窗口"/"场景"命令，或按Ctrl+F2键，打开"场景"面板，双击"场景1"，重新命名场景为"镜号063"，如图9-14所示。

02 重新命名"图层1"为"台本"层；选择菜单"文件"/"导入"/"导入到舞

图9-14　修改场景编号

台"命令，将台本图形导入场景中。根据分镜头台本设定的时间和内容，添加关键

帧，打开"属性"面板，为关键帧添加注释，如图9-15所示。

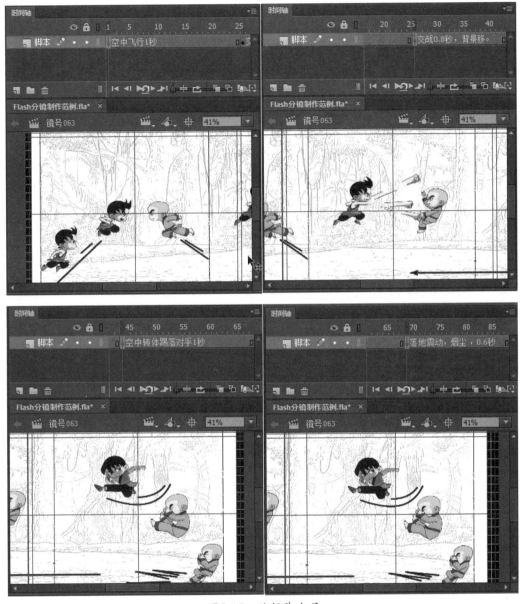

图9-15　编辑脚本层

03　单击"时间轴"面板中的"新建图层"按钮，新建两个图层，并分别重新命名为
"角色A"和"角色B"，分别对应脚本绘制原画（每绘制一幅原画、中间画，按F8
键将其转换为元件并命名）。

● 飞行。

● 分别在"图层A"第1帧和第24帧绘制原画，单击第22帧，按F6键插入关键帧，
并将第22帧实例调整到适当位置，创建第1至第22帧的传统补间；在"角色B"第
1帧绘制角色B原画，并调整到场景的适当位置，单击第22帧，按F6键添加关键

帧，创建第1至第22帧的传统补间，如图9-16所示。

● 交战。

"角色A"图层：分别在第26、29、30、32、33、34帧插入空白关键帧，并绘制原画，打开"绘图纸外观"按钮■，对位调整各关键帧图形实例，如图9-17所示。

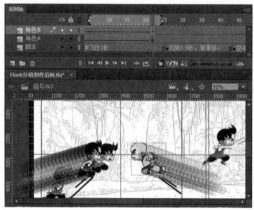

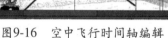

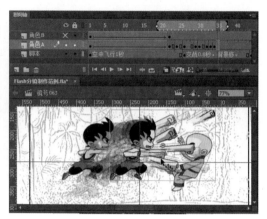

图9-16　空中飞行时间轴编辑　　　　　　　图9-17　绘制原画对位调整图形实例

在第27、28、31帧按F7键插入空白关键帧，绘制中间画；在第28、30、33帧按F5键插入帧；在第35、38帧各按两次F5键插入帧；在第44帧按F7键插入空白关键帧，如图9-18所示。

"角色B"图层：分别在第24、26、30帧按F7键插入空白关键帧，绘制角色B防守原画图形实例，并调整实例位置，如图9-19所示。

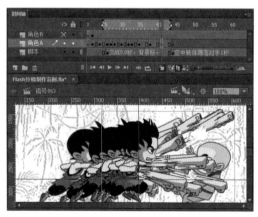

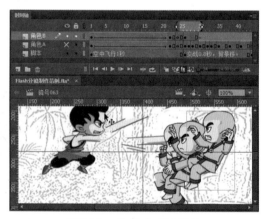

图9-18　绘制中间画并调整图形实例　　　　　图9-19　绘制角色B原画

分别在第26、27、28帧插入空白关键帧，绘制中间画；按F5键，为26、27、28帧添加帧，如图9-20所示。

● 击退对手。

"角色A"图层：单击第44帧，按F7键插入11个空白关键帧，分别在第44、47、

52、55帧绘制角色A原画实例，如图9-21所示。

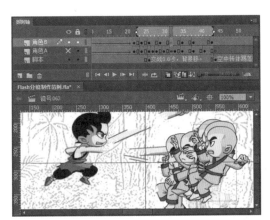

图9-20　绘制角色B中间画并调整图形对象　　　图9-21　转体踢腿原画实例

绘制各关键帧之间的中间画，调整实例位置，如图9-22所示。

调整"角色A"图层各帧之间的时间，如图9-23所示。

图9-22　绘制中间画调整实例位置　　　图9-23　调整时间轴动作时间

"角色B"图层：单击第50帧，按F6键插入关键帧，按F7键插入7个空白关键帧，在第51、54、55、56帧绘制角色B原画，如图9-24所示。

创建第43帧至第50帧之间的传统补间动画，绘制第52、53帧中间画，调整实例位置及时间轴角色运动时间，如图9-25所示。

单击"角色B"第67帧，按F6键插入关键帧，单击第68帧，按F7键插入空白关键帧；创建第64至第67帧的传统补间动画；第68帧绘制角色B落地原画；单击第88帧，按F6键插入关键帧，创建第68帧至第88帧之间的传统补间动画，并调整第88帧实例位置。单击"角色A"图层第65帧，按F7键插入6个空白关键帧，并在场景中绘制角色A收腿落地原画中间画；调整"角色A"图层第65帧至第88帧的动作时间；完成分镜头编辑，如图9-26所示。

04 完成角色动作的建库过程，利用"库"面板中的"新建文件夹"按钮▢，建立库文件夹，进行分类整理，如图9-27所示。

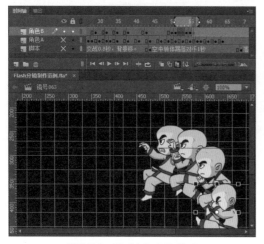

图9-24　绘制角色B原画

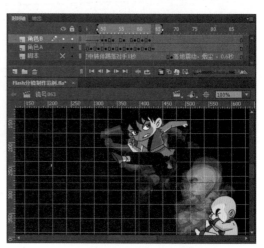

图9-25　调整对位及时间轴时间

图9-26　完成分镜头脚本原画中间画制作

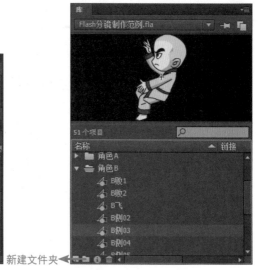

图9-27　"库"面板

9.2.3　背景设计

创作适应剧情发生发展的环境，是根据剧本要求将适合角色表演的环境设计出来，如图9-28所示。

图9-28　背景

9.3　中后期制作

Flash动画中期制作包括分镜头动作调整、声音与口型对位、影片导出3个部分。传统动画制作的中期制作包括背景绘制、原画、动画、动检几个部分。与传统手绘动画相比，Flash动画制作将扫描、原画、动画、上色、动检、剪辑等几部分已经在前期建库过程中完成。在Flash中后期制作完成时，也基本完成了传统手绘动画的后期制作的编辑合成、剪辑、配音、合成输出等。

9.3.1　分镜头动作调整

Flash分镜头制作，主要是时间轴的编辑过程，是人物造型与动物造型动作、表情的替换与摆放、调整动作节奏的过程，也是背景处理、运用镜头的过程。

01 新建一个图层，并重新命名为"背景"层，选择菜单"文件"/"导入"/"导入到舞台"命令，导入背景图形对象，如图9-29所示。

图9-29　导入背景

02 依照分镜头脚本，建立"背景"层，将库中的背景元件拖放到场景中，按F8键将其转换为"背景"实例，并根据分镜头脚本在第25、44帧按F6键插入关键帧，调整第44帧背景图形实例位置，并创建第25帧至第44帧的传统补间动画，对应角色B落地第68、69和70帧，按F6键插入关键帧，调整第69帧背景实例，向下移动0.1cm，使整个场景产生震动效果，如图9-30所示。

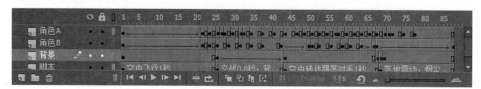

图9-30　编辑背景层

03 调整图形实例位置及中间画，检查动作时间运动规律，对时间轴进行调整，如图9-31所示。

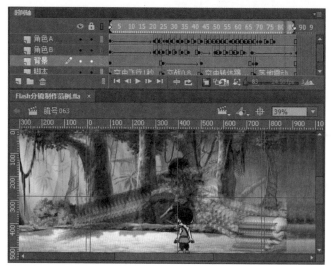

图9-31　全局检查角色对位、运动时间

04 选择菜单"控制"/"测试影片"或"测试场景"命令测试影片，如图9-32所示。

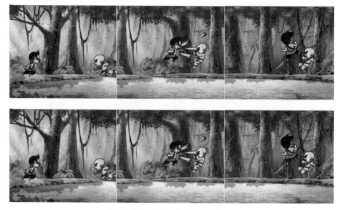

图9-32　影片测试效果

05 单击"新建图层"按钮 ，新建图层并命名为"速度线"，在第64帧按F7键插入空白关键帧，在第66帧插入空白关键帧；在第64帧绘制速度线，如图9-33所示。

图9-33 绘制踢腿速度线

在第68帧按F7键插入空白关键帧，在场景中绘制拖拉速度线并转换成图形元件，单击第88帧按F6键插入关键帧，将第68帧速度线缩小，并创建第68帧至第88帧的传统补间动画，如图9-34所示。

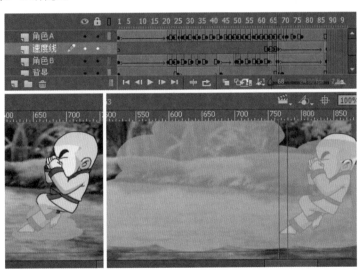

图9-34 角色B落地速度线补间

06 单击"新建图层"按钮 ，新建图层并命名为"对白"，选择菜单"文件"/"导入"/"导入到库"命令，导入录制的音频文件，如图9-35所示。

单击"声音"层第26、62、68帧，按F6键分别插入关键帧；打开"属性"面板，为各帧添加音频，并设置"同步"为"数据流"，如图9-36所示。

图9-35　导入到库中的音频

图9-36　音频对位

07 完成Flash动画分镜头制作，测试影片，如图9-37所示。

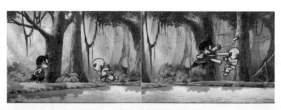

图9-37　测 试 影 片

9.3.2　影片导出

　　Flash影片导出时，默认情况下，在文件保存位置可以生成测试影片的SWF文件，当需要导出MOV格式影片时，可以选择菜单"文件"/"导出"/"导出影片"命令，来导出所需要格式的文件。可以参考"第6章 声音与视频操作"中的相关内容，这里不再赘述。

考试题库

一、看图填空题

1. 为"时间轴"面板的组成部分填写相应名称的字母。

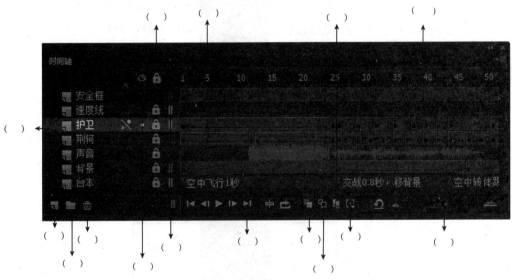

图1 "时间轴"面板

A. 图层　　　　B. 新建图层　　　C. 删除图层　　　　D. 新建图层文件夹

E. 轮廓显示图层　　　　F. 显示/隐藏图层　　　G. 影片控制器

H. 修改标记　　I. 绘图纸外观　　J. 绘图纸外观轮廓显示　　K. 帧距大小控制器

L. 锁定图层　　M. 编辑多个帧　N. 帧　　　　　　　　O. 播放指针

2. 为编辑栏填写相应名称的字母。

图2 编辑栏

A. 场景标签　　　　　　B. 返回场景编辑区按钮　　　　C. 场景切换按钮

D. 元件编辑切换按钮　　E. 编辑区显示比例　　　　　　F. 舞台剧中按钮

3. 为"工具箱"面板填写相应名称的字母。

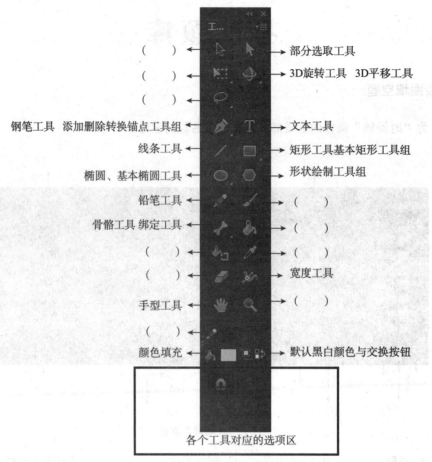

（　　）← 部分选取工具

（　　）← 3D旋转工具　3D平移工具

（　　）←

钢笔工具　添加删除转换锚点工具组 → 文本工具

线条工具 → 矩形工具基本矩形工具组

椭圆、基本椭圆工具 → 形状绘制工具组

铅笔工具 → （　　）

骨骼工具　绑定工具 → （　　）

（　　）← （　　）

（　　）← 宽度工具

手型工具 → （　　）

（　　）←

颜色填充 → 默认黑白颜色与交换按钮

各个工具对应的选项区

图3　"工具箱"面板

A. 任意变形工具、渐变变形工具　　　B. 套索工具　　　　C. 颜料桶工具

D. 滴管工具　　　　　　　　E. 墨水瓶工具　　　　F. 笔触颜色

G. 箭头选择工具　　H. 橡皮擦工具　　I. 刷子工具　　　　J. 缩放工具

4. 实现下图的轮廓预览可以通过选择菜单＿＿＿＿＿＿＿＿命令或按＿＿＿＿＿＿＿键，
或利用"时间轴"面板上的＿＿＿＿＿按钮或＿＿＿＿＿＿按钮，轮廓显示单个图层的图形对象。

图4　轮廓显示图形对象

5. 为"时间轴"面板填写对应名称的字母。

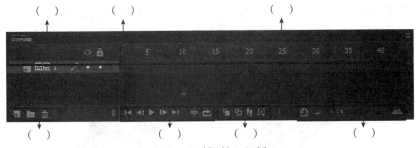

图5 "时间轴"面板

A. 图层编辑按钮　　　B. 播放指针　　　　C. "图层"面板

D. "帧"面板　　　　　E. 帧编辑按钮　　　F. 当前帧

G. 运行时间　　　　　H. 时间轴状态栏　　I. 播放控制按钮

6. 下图是时间轴操作的_____表达形式。

图6 时间轴编辑

A. 绘图纸外观轮廓显示　　　　　　　　　B. 绘图纸外观

7. 为下图填写对应名称的字母。

图7 "库"面板

A. 图形元件　　　　　　B. 声音元件　　　　　　C. 元件预览区

D. 按钮元件　　　　　　E. 位图元件　　　　　　F. 影片剪辑元件

8. 下图中画笔的颜色绘画分别是用"刷子工具"的(　　)(　　)模式绘制的。

图8　画笔模式

A. 标准绘画　　　　　　B. 颜料填充　　　　　　C. 后面绘画

D. 颜料选择　　　　　　E. 内部绘画

9. 下图中补间动画是图(　　)、补间形状动画是图(　　)。

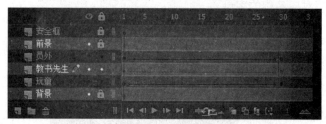

图9　补间动画

10. 下图中选取不连续的图层需要进行(　　)操作。

图10　选择图层

A. 按下Shift键加鼠标单击图层　　　　　　　　B. 按下Ctrl键加鼠标单击图层

11. 下图中时间轴表现的是(　　)动画形式。

图11　时间轴动画形式表现

A. 补间动画　　　　　B. 补间形状动画　　　　C. 帧动画

12. 下图是"属性"面板的截图，顺序依次是(　　　)。

图12　"属性"面板

A. 帧属性面板　　　　　　B. 文档属性面板　　　　C. 影片剪辑实例属性面板

D. 图形实例属性面板　　E. 可编辑对象属性面板　F. 按钮实例属性面板

13. 下图中的烟花动画，是通过(　　　)实现的。

图13　动画形式

A. 补间形状动画　　　　B. 帧动画　　　　　　C. 补间动画

14. 下图中影片色彩变化是通过(　　　)动画形式实现的。

图14　影片截图

A. 帧动画　　　　　　B. 色彩混合动画　　　　C. 颜色渐变动画

二、填空题

1. 在动画制作过程中，Flash使用者可以根据自己的_____和_____，调整_____布局。

2. 单击某一个工具图标都可以单独展开相应的_____，也可以根据需要和个人操作习惯随时增减_____工作界面之外，以符合自己的使用习惯。

3. Flash可以根据使用者的需要，创建不同类型、不同应用的文档，如：_____、_____、_____、_____、_____、ActionScript 3.0类、ActionScript接口和ActionScript文件。

4. 欢迎屏幕的显示与关闭，可以通过选择菜单"编辑"/"首选参数"命令，或按_____键，打开"首选参数"对话框，在"常规"标签中单击_____按钮进行设置。

5. 新建文档可以根据创作目的，选择菜单 "文件"/"新建"命令，或按Ctrl+N键，打开_____对话框，从中选择需要的文档类型来创建文档。

6. 打开已有的文档，选择菜单"文件"/"打开"命令，或按_____键，打开"打开"对话框。

7. 在创建Flash动画之初，应根据_____的需要，对Flash文档属性进行设置，以便控制影片的_____，同时可以控制_____的播放速度。

8. 利用"选择工具"单击或框选图形对象的一部分，实现图形对象部分选择，可以利用_____进行多处选取。

9. 利用"任意变形工具"对图形对象进行操作的过程中，鼠标指针也会发生变化，主要包括：_____、_____、_____、_____、_____指针。

10. "任意变形工具"可以对图形对象进行_____、_____、_____、_____、_____操作。

11. "刷子工具"具有绘画功能，同时也具有涂色功能，可以根据不同的需要选择绘画、涂色模式，"刷子工具"的"刷子模式"选项分别为_____、_____、_____。

12. "橡皮擦工具"的擦除模式分为_____、_____、_____、_____。

13. 笔触颜色和填充颜色的类型选项分为以下5种：_____、_____、_____、_____。

14. 帧的类型有_____、_____。

15. 创建帧的快捷键是：_____、_____。

16. 删除关键帧的操作是：选择_____或_____，选择菜单_____/_____/_____命令，或右键单击该_____，选择快捷菜单中的_____命令，被清除的关键帧以及到下一个关键帧之前的所有帧的内容都将被清除，同时被前面关键帧的内容替换。

17. 翻转帧的操作可以将后面的关键帧与前面的关键帧进行顺序的互换。操作时选择

一个或多个图层中需要翻转的帧，单击鼠标右键，选择＿＿＿＿＿＿＿命令，或选择菜单＿＿＿＿＿＿＿／＿＿＿＿＿＿＿／＿＿＿＿＿＿＿命令。

18. 元件分为5种类型：＿＿＿＿＿、＿＿＿＿＿、＿＿＿＿＿、＿＿＿＿＿、＿＿＿＿＿。

19. 按钮元件在时间轴上的四帧名称分别为＿＿＿＿、＿＿＿＿、＿＿＿＿、＿＿＿＿。其中＿＿＿＿＿＿在SWF影片中是不可见的。

20. 在制作交互影片时，交互感应区应绘制在＿＿＿＿＿＿元件的＿＿＿＿＿＿中。

21. 调整影片角色动作快慢，可以通过＿＿＿＿＿＿缩短动作时间或按＿＿＿＿＿＿延长动作时间，从而调整动作时间、节奏。

22. 在固定时间或两个关键帧之间为实例调整运动的快慢节奏，可以通过＿＿＿＿＿＿面板中的＿＿＿＿选项进行实例运动快慢节奏的调整。

23. 如果要对组、实例或位图图像应用形状补间，必须＿＿＿＿＿＿这些元素，如果要对文本字符串应用形状补间，需要将文本＿＿＿＿＿＿，从而将文本转换为＿＿＿＿对象。

24. 补间形状动画是能够实现＿＿＿＿＿、＿＿＿＿＿、＿＿＿＿＿、＿＿＿＿＿变化的动画过程。

25. 影片的设置是通过对＿＿＿＿＿的设置实现的，可以设置影片的＿＿＿＿＿、＿＿＿＿＿、＿＿＿＿＿以及＿＿＿＿＿。

26. 遮罩层就像＿＿＿＿＿＿一样，透过它创建的＿＿＿＿＿＿＿。除了透过遮罩层中显示的内容之外，被遮罩层其余的所有内容＿＿＿＿＿＿。一个遮罩层只能＿＿＿＿＿＿。

27. 混合模式只能＿＿＿＿＿＿或＿＿＿＿＿＿的颜色，可以通过＿＿＿＿＿＿更改所有类型元件的＿＿＿＿＿＿，将其更改为＿＿＿＿＿＿，从而创造独特的效果。色彩混合模式菜单，可以在＿＿＿＿＿中调出。

28. Flash支持多种声音的导入。可以使声音＿＿＿＿＿＿连续播放，或通过＿＿＿＿＿＿；向按钮添加声音可以使按钮具有更强的＿＿＿＿＿＿；通过声音＿＿＿＿＿＿还可以使音轨更加优美；使用共享库中的声音可以从一个库中把声音＿＿＿＿＿＿，还可以在声音对象中使用声音，通过＿＿＿＿＿＿＿控制音效的回放。

29. Flash常用的音频格式为＿＿＿＿＿＿和＿＿＿＿＿＿两种。

30. Flash CC 2015可以导出两种视频文件：＿＿＿＿＿＿影片和＿＿＿＿＿＿影片。

31. 镜头的景别一般分为＿＿＿＿＿＿＿＿，不同景别的画面将影响人的＿＿＿＿＿＿＿＿，＿＿＿＿＿＿和情感回应。

32. 完整的推拉镜头包括＿＿＿＿＿＿＿＿3个动作过程，都需要在时间轴上给予一定的＿＿＿＿＿＿＿＿。

33. 摇镜头大致分为＿＿＿＿＿＿＿＿3种形式。横摇，在Flash中表现为场景中的所有实例在＿＿＿＿＿＿＿＿的移动；直摇，在Flash中表现为场景中的所有实例＿＿＿＿＿＿＿＿；闪摇，在Flash中表现为＿＿＿＿＿＿＿＿，以达到人物视线的快速转移的效果。

三、名词解释题

    1. 帧频

    2. 舞台大小

    3. 匹配内容

    4.标尺的单位

    5. 音频流或音频事件

6. 硬件加速

7. 分离对象

8. 原画

9. 动画

10. 动检

11. 时间轴

12. 帧

13. 图层

14. 元件

15. 实例

16. 影片剪辑元件

17. 帧动画

18. 补间动画

19. 补间形状动画

20. 引导动画

21. 遮罩动画

22. 色彩混合动画

23. 音频WAV格式

24. 音频MP3格式

25. Flash推镜头

26. Flash拉镜头

27. 分镜头脚本

四、简答题

1. Flash的色彩模式都有哪些？

2. 图形对象的轮廓显示线颜色的更改，可以通过哪些操作完成？

3. Flash动画质量的检查标准有哪些？

4. 元件的作用是什么?

5. 元件与实例的区别是什么?

6. 按钮元件在时间轴上每一帧的表现形式是什么?

7. Flash声音的音频与类型有哪些?

8. 镜头的景别有哪些?

9. Flash中心规格推拉场景镜头如何实现？

10. 色彩混合动画的先决条件是什么？色彩混合动画具有哪些混合选项？

五、论述题

1. 根据下图中的人设，叙述Flash分镜头制作流程。

图15　动画角色

2.实训操作

(1) 眨动的眼睛建库。

要求：根据提供的素材，在文档中建立影片剪辑元件并拖放到场景中测试，提交
FLA源文件及SWF文件。

图16　素材1

(2) 角色表情建库，并建立影片剪辑元件。

要求：根据提供的素材，建立角色惊诧表情影片剪辑并动检。

图17　素材2